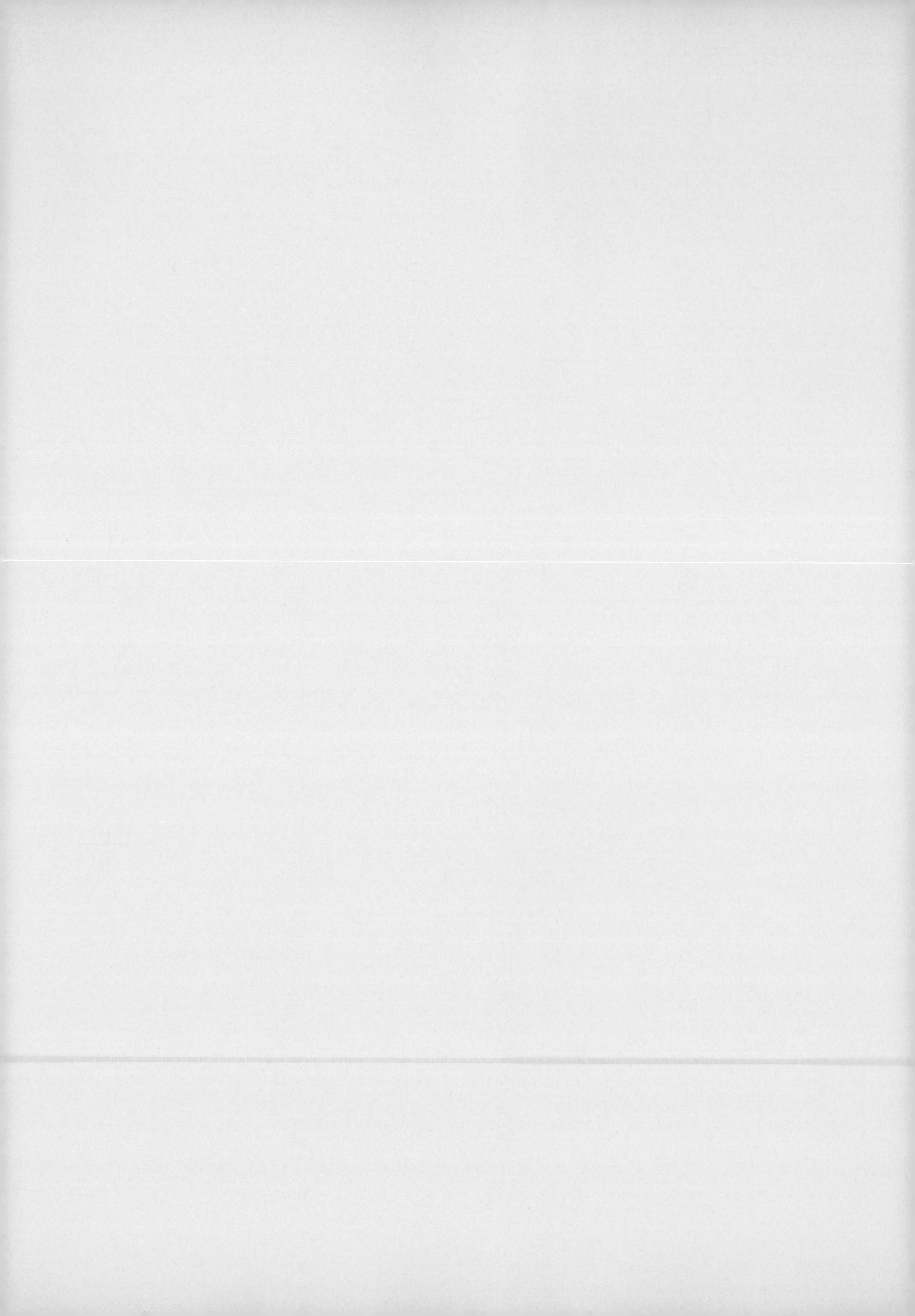

크림으로 하는
데코레이션 교과서

Cream + Decoration

크림으로 하는
데코레이션 교과서

초판 인쇄일 2016년 4월 5일
초판 발행일 2016년 4월 18일

지은이 스가마타 료스케
번역자 박혜지
발행인 박정모
등록번호 제9-295호
발행처 도서출판 혜지원
주소 (10881) 경기도 파주시 회동길 445-4(문발동 638) 302호
전화 031)955-9221~5 팩스 031)955-9220
홈페이지 www.hyejiwon.co.kr 블로그 blog.naver.com/hyejiwon9221
페이스북 www.facebook.com/hyejiwon9221

기획 박혜지
본문디자인 김희연
표지디자인 김보라
영업마케팅 김남권, 황대일, 서지영
ISBN 978-89-8379-889-3
정가 13,000원

**Original Japanese title : KIHON NO CREAM KARA HIROGARU ODOROKI NO TENKAIJUTSU
CREAM TO DECORATION NO KYOUKASHO**
Copyright © Nitto Shoin Honsha Co., LTD. 2015
Original Japanese edition published by Nitto Shoin Honsha Co., Ltd.
Korean translation rights arranged with Nitto Shoin Honsha Co., Ltd.
through The English Agency (Japan) Ltd. and Danny Hong Agency
Korean translation copyright © 2016 by Hyejiwon Publishing Co.

이 도서의 국립중앙도서관 출판예정도서목록(CIP)은 서지정보유통지원시스템 홈페이지(http://seoji.nl.go.kr)와
국가자료공동목록시스템(http://www.nl.go.kr/kolisnet)에서 이용하실 수 있습니다.(CIP제어번호: CIP2016007488)

기본 크림 만들기로부터 시작해 나가는
다양한 크림 데코레이션

크림으로 하는 데코레이션 교과서

Cream + Decoration

헤지연

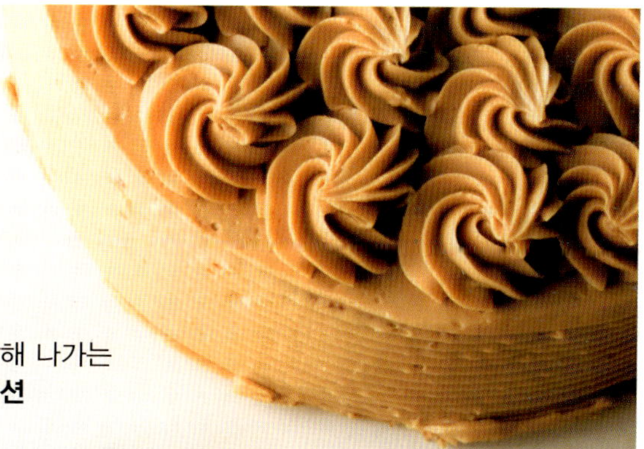

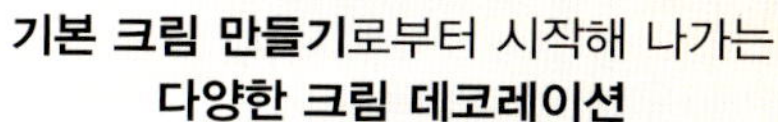

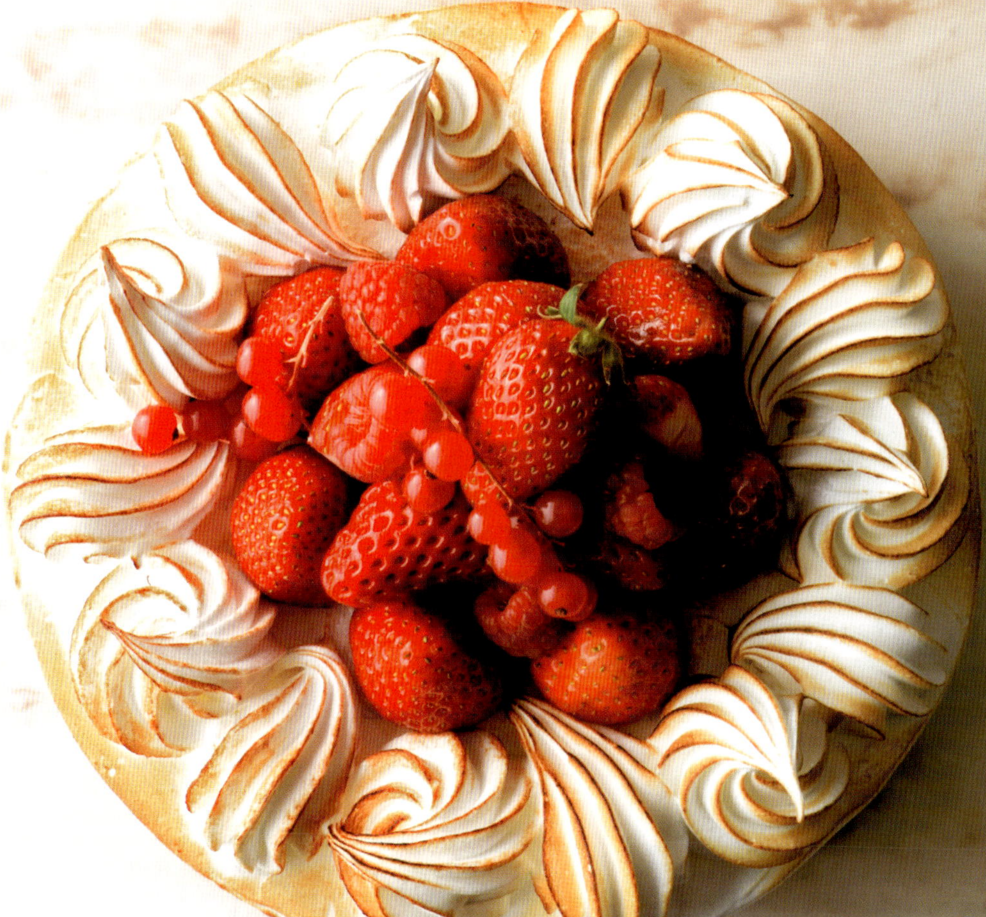

머 리 말

이 도서는 디저트를 만드는 데 가장 기본이 되는 5가지 크림 만드는 방법과 그 크림을 활용해서 만드는 데코레이션 테크닉을 알려주는 새로운 디저트 만들기 책입니다.

크림은 크게 다섯 가지로 생크림, 커스터드 크림, 크렘 앙글레즈, 아몬드 크림, 버터크림입니다. 더 나아가서 이 크림들을 조합해 만들어 나가는 디저트 레시피들도 모아서 한데 실어 놓았습니다.

기본 크림을 만드는 방법과 그 크림들로 만드는 디저트 레시피를 가르쳐 주는 것은 파티쉐인 스가마타 료스케(菅又亮輔) 씨. 디저트의 본 고장 프랑스에서 공부하고 대대로 이어져 오는 프랑스 디저트점에서 일한 경험을 바탕으로 고안해 낸 레시피들은 하나하나 전부 훌륭한 레시피들입니다.

가정에서도 손쉽게 만들 수 있도록 분량이나 배합을 철저히 계산해서 누구든 도전할 수 있게 만들었습니다.

디저트를 만드는 과정에서 오는 심오함 그리고 또 디저트를 예쁘게 데코레이션을 하며 느낄 수 있는 재미와 함께 더 나아가 맛도 같이 즐길 수 있는 책으로 만들었습니다. 크림으로 만드는 디저트의 새로운 변신에 도전해 보세요.

이 책의 레시피에 관해서

계란

계란 껍질을 제외한 정량으로, g으로 표기하고 있습니다. 계란 전체의 경우에는 합쳐서, 계란 흰자와 노른자는 각각 나눈 상태로 계량해 주세요 (계란 전체 1개는 약 55g, 계란 노른자가 약 20g, 계란 흰자가 약 35g 정도가 기본입니다).

액체(생크림, 우유 등)

양을 정확하게 계량하기 위해서 g으로 표기하고 있습니다. 전자 저울을 사용해 주세요.

나파주

자른 과일의 표면에 발라서 건조되는 것을 막습니다. 이 책에서는 시중에 판매하고 있는 비가열 나파주를 사용하고 있습니다.

바닐라

이 책에서는 액체 상태의 바닐라 엑기스를 사용하고 있습니다. 바닐라 빈즈를 사용하는 경우에는 한 줄기 당 5g으로 계산합니다. 바닐라의 씨를 빼고 향기를 완전히 낸 다음 사용합니다.

오븐

굽는 시간은 오븐에 따라서 다릅니다. 상태를 보면서 오븐 사용하는 시간을 조정해 주세요. 레시피에 적혀 있는 온도는 빵을 굽는데 가장 적당한 온도입니다. 가정용 오븐의 경우는 이 책에 기재되어 있는 설정 온도에서 15~20℃ 더 올려서 예열하고 나서 책에 기재되어 있는 온도로 설정해서 디저트를 완성해 주세요.

아이스크림 메이커

아이스크림 메이커의 사용 방법이나 공정 시간은 메이커에 따라서 다릅니다. 메이커 사용 설명서를 확인한 후에 사용해 주세요.

* 공정하는 사진은 레시피 분량보다 조금 더 많이 해서 보기 쉽도록 해서 촬영했습니다.

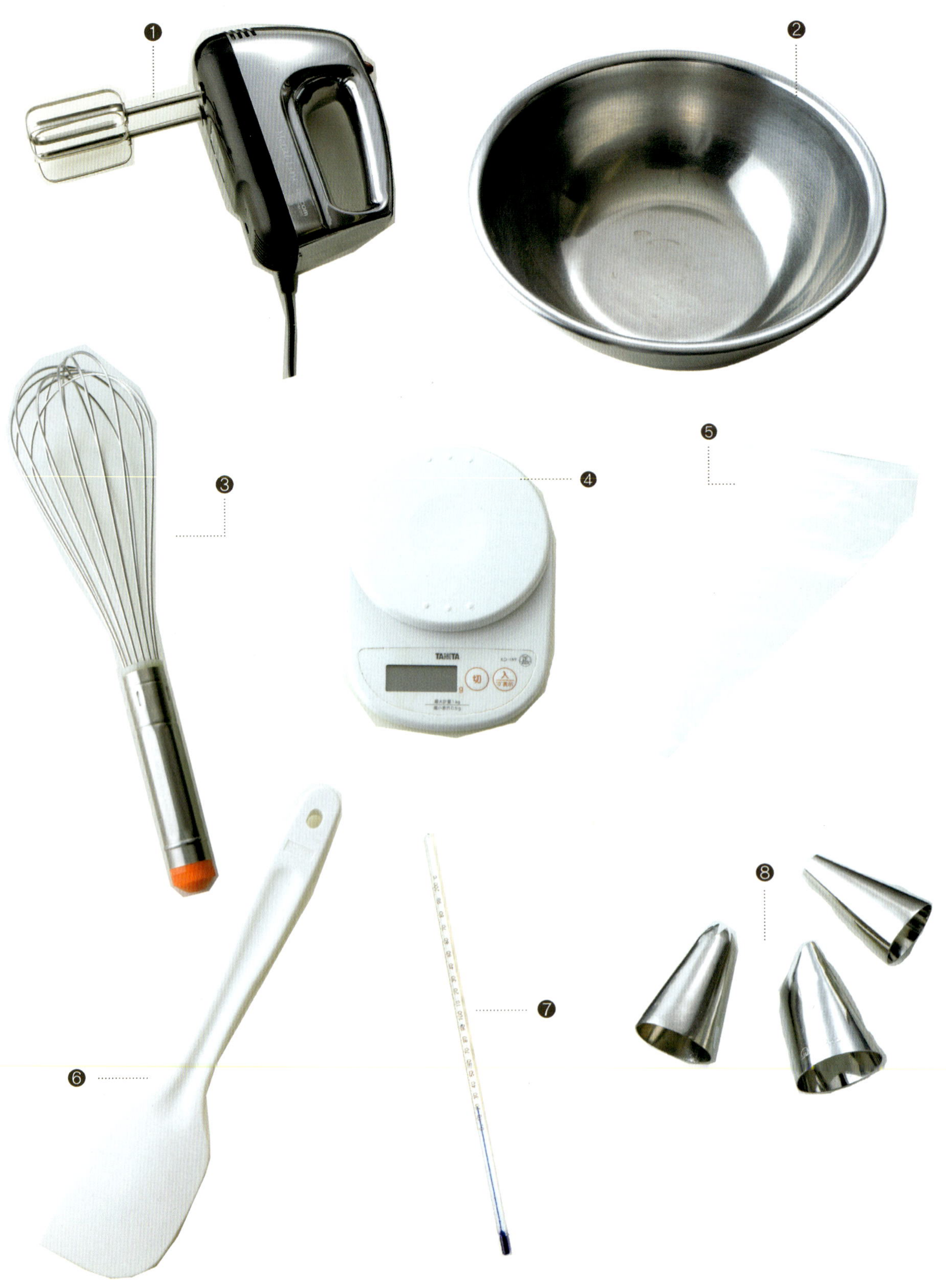

기 본 도 구

❶ 핸드 믹서

기본 크림을 만들기부터 크림을 응용해서 만드는 과자 만들기에까지 절대 없어서는 안 되는 도구 중의 하나입니다.

❷ 볼

볼은 스테인리스 제품으로 지름 20cm 정도의 사이즈와 10cm 정도의 작은 사이즈를 준비하는 것이 편리합니다.

❸ 손 거품기

이 책에서는 잡는 손잡이가 따로 확실히 있으며 너무 크지 않은 10호 사이즈 손 거품기를 사용하고 있습니다.

❹ 전자저울

정확한 계량은 케이크 만들기에서 빠져서는 안 되는 기본 중의 기본입니다. 1g 단위까지 정확히 측량할 수 있는 전자저울을 사용합시다.

❺ 짤주머니

크림을 넣어서 반죽 위에 크림을 짜서 올리거나 데코레이션할 때 사용합니다.

❻ 실리콘 주걱

재료를 섞을 때 사용합니다. 내열 타입의 실리콘 주걱을 추천합니다.

❼ 온도계

온도를 정확하게 재면 과자 만들기의 성공도를 높일 수 있습니다.

❽ 모양 깍지

짤주머니와 세트로 사용하는 금속의 모양 깍지. 원형 모양이나 별 모양 등이 있습니다.

따로 있으면 편리한 것들

스패츌러

데코레이션을 할 때 사용하고 크림을 바른 표면을 평평하게 정리할 때도 사용합니다.

빵솔

다 구워낸 반죽이나 과일에 나파주를 바를 때 사용합니다.

직사각형 쿠키 팬

사용 용도가 가장 많은 직사각형 쿠키 팬은 데코레이션을 할 과일을 미리 배열해 보거나, 크림을 평평하게 펼쳐서 식히는 등 사용 용도가 다양합니다.

크림 만들기에서
반드시 필요한 재료들

무염버터

모든 크림을 만드는 데에 사용하기
적합합니다.

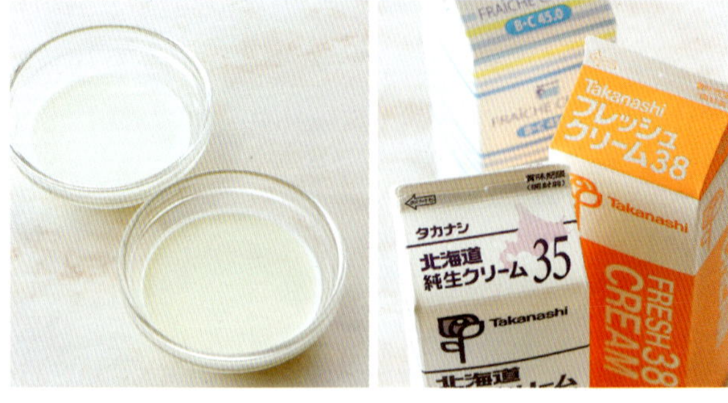

생크림 & 우유

생크림은 지방 함유가 35, 38, 45%인 것이 있습니다. 산뜻하게 완성하
고 싶을 때는 35%, 생크림의 데코레이션 등 또렷하게 맛의 윤곽을 내고
싶을 때에는 지방 함유량이 높은 38, 45%가 가장 좋습니다. 우유는 냉장
고에서 꺼낸 그대로 사용합니다. 신선한 것을 사용하도록 합시다.

그래뉴당

크림 만들기에서 기본이 되는 설탕
은 불순물이 적게 첨가되어 있는 그
래뉴당을 사용합니다.

계란

L사이즈(약 55g)를 사용합니다. 노
른자와 흰자로 나누고 나서 무게를
계량하도록 합시다. 전체를 다 풀어
낸 계란과 계란 노른자와 흰자를 따
로 분리하는 것은 만드는 크림과 디
저트의 종류에 따라 레시피에 맞게
사용합니다.

박력분

기본적으로 체에 내리고 나서 사용
합니다. 크림 만들기에서는 커스터
드 크림에 사용합니다. 더하는 것만
으로 매끄러운 점성을 생기게 해줍
니다.

바닐라 엑기스

이 책에서는 사용하기 쉽고 계량하기도 쉬운 바닐라 엑기스를 사용하고 있습니다만. 바닐라 빈즈를 사용해도 상관없습니다.

맛을 보다 풍부하게 해주는 제과 재료

크림에 풍미를 더하거나 식감에 변화를 더해주는 등 프로들이 사용하는 비법의 재료를 넣으면 다양하면서 한 층 더 풍부한 맛의 과자 만들기 레시피가 펼쳐집니다.

나파주

이 책에서는 비가열 타입을 사용합니다. 케이크 표면을 반들반들하게 완성시키고 디저트가 건조되는 것을 막고 데코레이션 과일에도 사용할 수 있습니다.

리큐르

크림에 풍미를 더해줍니다. 열을 가하면 향기가 날아가 버리기 때문에 반드시 차가운 상태로 더합니다. 이 책에서는 체리가 원료인 키르슈나. 코냑이 베이스인 그랑 마니에르 등의 증류주를 사용합니다.

페이스트

넛츠를 밀대로 곱게 간 것. 크림에 넣고 섞으면 크림의 맛을 변화시킵니다.

퓌레

야채나 과일을 푹 삶아서 과즙과 수분을 그대로 끓여서 걸쭉하게 만들어 낸 것입니다. 시중에서 판매하고 있는 제품은 냉동한 것으로 삽니다. 잼이나 소스 등의 재료가 되기도 합니다. 제과 재료 상점에서 구입할 수 있습니다.

생크림

생크림에 설탕을 더해서 거품을 낸 것을 샹티이 크림이라고 부릅니다. 거품을 내는 정도에 따라서 사용하는 용도가 달라집니다. 이 책에서는 주로 7분간 거품을 낸 생크림과 10분간 거품을 낸 생크림을 사용합니다.

커스터드 크림

디저트 만들기의 기본이라고 해도 좋을 가장 기본적인 크림입니다. 디저트 만들기에 가장 많이 사용되는 크림으로 버터나 생크림 등과 합쳐서 더욱 풍부하면서도 다양한 커스터드 크림을 만들 수 있습니다.

크렘 앙글레즈

다른 명칭은 커스터드 소스입니다. 박력분을 사용하지 않았기 때문에 커스터드와 같은 점성은 없지만 매끈한 상태로 만들어지는 크림입니다. 무스, 바바로아, 아이스크림 등을 만들 때 사용하는 베이스 크림입니다.

아몬드 크림

아몬드 파우더에 그래뉴당, 버터, 계란 전체 등을 넣어서 모든 재료를 유화(乳化) 시켜서 만듭니다.

(유화 乳化: 융합되지 아니하는 두 가지의 액체에 계면 활성제를 넣어서 섞고 한쪽의 액체를 다른 쪽의 액체 가운데에 분산하여 유제를 만드는 조작)

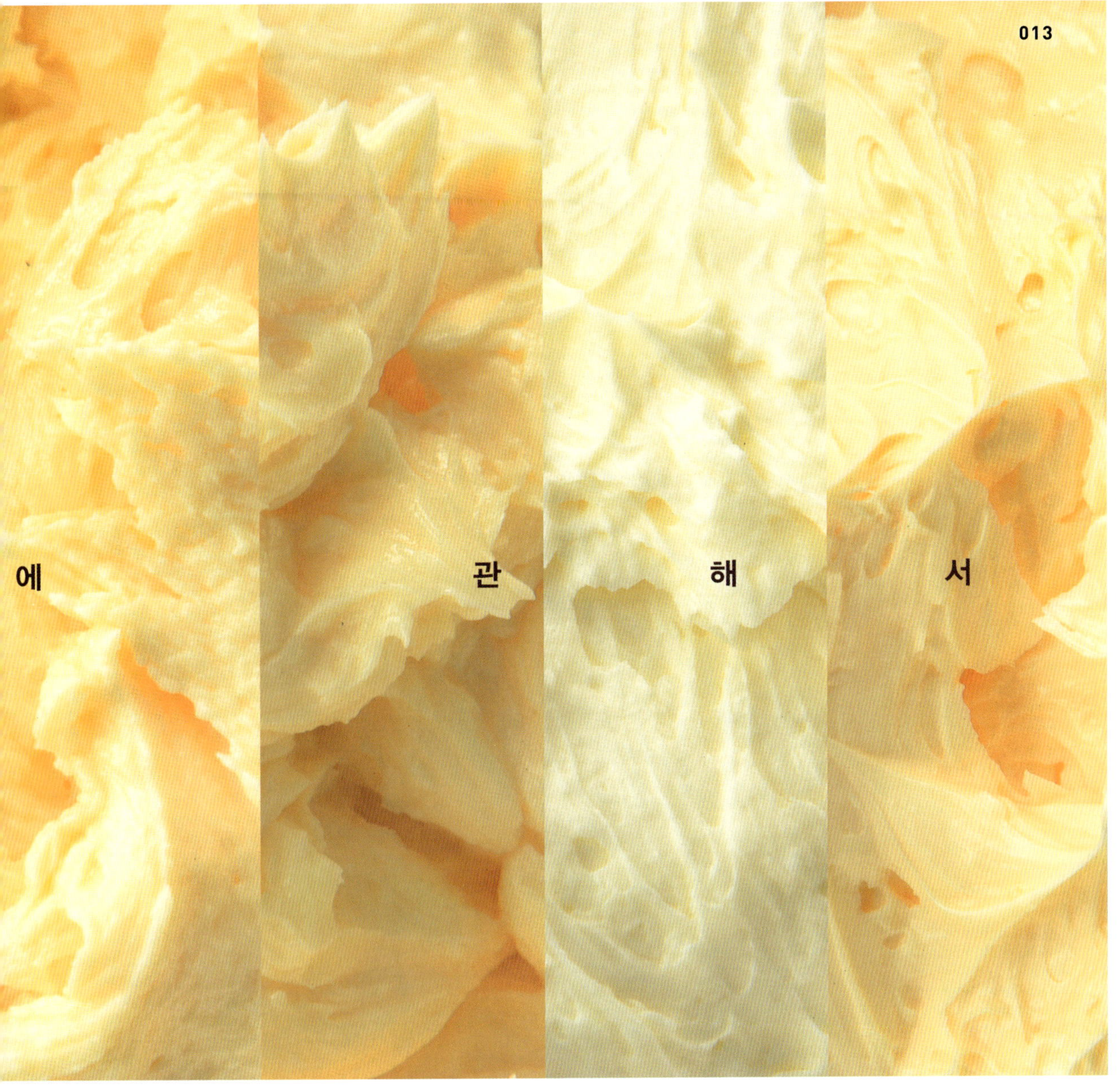

버터크림

버터크림은 더하는 재료와 어떻게 만드느냐에 따라서 크게 4가지 타입으로 분류해 볼 수 있습니다. 각각의 크림마다 식감이나 입에서 녹아내리는 정도가 다르고 특징이 뚜렷해 어떤 디저트를 만드느냐에 따라서 다른 크림을 사용해서 데코레이션을 할 수 있습니다.

커스터드 크림을 기본으로 하는

커스터드 크림에 버터를 넣어서 매끄럽게 거품을 낸 크림입니다. 시간이 지나도 수분이 나오지 않기 때문에 데코레이션한 모양을 그대로 보존해 주는 것이 이 크림의 매력입니다.

크렘 앙글레즈를 기본으로 하는

매끄러운 식감의 크렘 앙글레즈에 버터를 더해서 만드는 가벼운 느낌의 크림입니다. 버터를 더하는 것만으로 무스와 같은 폭신폭신한 식감으로 변화됩니다.

이탈리안 머랭을 기본으로 하는

거품을 낸 계란 흰자에 그래뉴당을 넣어서 만드는 이탈리안 머랭과 버터를 합쳐서 만드는 크림입니다. 가볍고 산뜻한 식감으로 데코레이션에도 최적인 크림입니다.

파타봄브를 기본으로 하는

거품을 낸 계란 흰자에 매우 뜨거운 시럽을 부어서 찰기가 들 때까지 섞어서 만드는 파타봄브와 버터를 합쳐서 만드는 크림입니다. 버터의 풍미를 확실히 느낄 수 있습니다.

1
기본 크림
레시피

기본 크림 레시피 1

생크림

케이크 반죽과 반죽 사이에 넣고 바르고 데코레이션을 하는 등 사용하는 곳과 사용할 수 있는 곳, 사용 횟수가 가장 많은 크림입니다. 생크림은 지방 함유량이 높은 반면 거품을 내기 쉽다는 것이 특징입니다.

재료 (완성된 양은 약 540g)

다 완성된 크림 양을 적게 하고 싶을 경우에는 전체 재료의 반 정도만 사용해서 만든다.

생크림 45% ············ 500g
그래뉴당 ················ 40g

7분간 거품을 낸 생크림
바바로아 등에 사용한다.

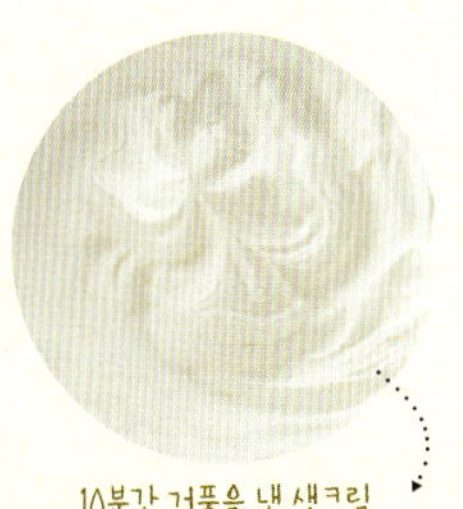

10분간 거품을 낸 생크림
짤주머니에 넣어서 데코레이션할 때 사용한다.

1

볼에 생크림을 넣고 거기에 그래뉴당을 넣는다.

2

얼음을 넣은 볼 위에 생크림을 넣은 볼을 올려서 차가운 상태에서 거품을 낸다.

3

조금씩 걸쭉해진다. 7분간 거품을 내면 사진과 같이 완성된다.

4

거품이 더 제대로 나올 때까지 10분간 거품을 내면 사진과 같이 완성된다.

기본 크림 레시피 2

커스터드 크림

계란 노른자와 설탕, 박력분에 우유를 넣고 가열해서 풀처럼 걸쭉해질 때까지 끓여내어 크림을 만듭니다. 이 크림은 다양한 곳에 폭넓게 사용되고 가장 다양하게 응용해서 사용할 수 있는 크림입니다.

재료 (완성된 양은 약 520g)

다 완성된 크림 양을 적게 하고 싶을 경우에는 전체 재료의 반 정도만 사용해서 만든다.

우유 400g
계란 노른자 100g
그래뉴당 120g
박력분 40g
바닐라엑기스 2g

1

냄비에 우유를 넣고 중불에서 완전히 끓어오르기 직전까지 데운다. 불을 끄고 바닐라 엑기스를 넣는다.

2

실리콘 주걱으로 잘 저어 준다.

3

볼에 계란 노른자를 넣고 그래뉴당을 넣는다.

4

그래뉴당을 잘 풀어서 계란 노른자와 섞어준다. 공기를 머금을 수 있도록 한데 잘 섞어 주는 것이 포인트이다.

5

체에 내린 박력분을 넣는다. 반죽하면서 밀가루 응어리가 생기지 않도록 박력분이 보이지 않을 때까지 확실히 거품을 내 준다.

6

2에서 따뜻하게 해둔 우유를 $\frac{1}{4}$ 정도만 넣어서 거품을 낸다.

7

우선 우유가 반죽과 한데 잘 섞이면 남은 우유를 전부 넣어서 거품을 잘 내어 준다.

8

반죽을 체에 거르면서 냄비로 옮긴다.

9

중불로 냄비 밑에서부터 잘 섞어 주면
서 완전히 끓인다.

10

응어리가 없어지고 매끄러운 상태가 되
면 불을 줄인다.

11

롤 케이크 팬에 옮겨 팬에 평평하게 펼
쳐 랩으로 씌워서 얼음물에 중탕으로
식힌다. 다 식히고 난 후에 사용한다.

★ 좋은 상태로 완성된 커스터드 크림은 식힐수록 탄력이 있는 상태로 굳어져서 끈적이지 않게 팬에서 깨끗하게 떼어진다. 사용할 때는 실리콘 주
걱으로 휙 휙 저어서 부드러운 크림 상태로 바꾸어서 사용한다. 손 거품기로 저을 경우 밀가루 응어리가 생기기 쉽기 때문에 주의할 것.

TIP! 바닐라 빈즈를 사용할 경우에는?

1

바닐라 빈즈를 식칼로 반으로
잘라서 안에 있는 씨를 긁어
서 빼낸다. 확실히 씨를 빼는
것만으로도 우유에 바닐라 향
기가 보다 강하게 배여 든다.

2

줄기를 우유에 넣어서 향
기를 더 낸다. 우유를 고운
체로 걸러낼 때 바닐라 줄
기를 빼낸다.

커스터드 크림을 더 풍부하게 맛볼 수 있는 레시피

{ 플랑 }

타르트 반죽에 커스터드 크림을 짜서 올린 후 오븐에서 구워 낸 심플한 커스터드 타르트입니다.
질리지 않고 언제든지 먹을 수 있는 기본적인 맛의 타르트입니다.

재료(지름 9cm 타르트 팬 4개 분)

커스터드 크림 ········ 약 360g
파타 슈크레(P40 B) ½ 약 200g

1

파타 슈크레를 2mm 두께로 얇게 늘려서 타르트 팬에 잘 붙여서 넣고 1시간 정도 냉장고에 넣어 반죽을 휴지한다. 냉장고에서 꺼내 160℃로 설정한 오븐에서 약 25분간 굽는다.

2

반죽의 남아 있던 열이 사라지면 타르트 팬에서 빼낸다. 커스터드 크림을 짤주머니에 넣어서 모양 깍지 원형팁 12호로 각 반죽에 약 90g 정도 짜서 넣는다. 다시 한 번 200℃로 설정한 오븐에서 약 15분간 굽는다.

3

완성

기본 크림 레시피 3

크림 앙글레즈

계란 노른자, 설탕, 우유만으로 만들 수 있는 간단하면서도 심플한 크림. 박력분을 넣지 않았기 때문에 너무 가열하면 반죽이 분리되기 쉬워지므로 주의합시다.

🥄 재료(완성된 양은 약 420g)

다 완성된 크림 양을 적게 하고 싶을 경우에는 전체 재료의 반 정도만 사용해서 만든다.

우유	250g
계란 노른자	80g
그래뉴당	150g
바닐라엑기스	2g

1

냄비에 우유를 넣고 중간 불에 올려 따뜻하게 데우는데 완전히 끓어오르기 직전에 불을 멈춘다. 그리고 나서 바닐라 엑기스를 넣고 잘 섞어 준다.

2

볼에 계란 노른자와 그래뉴당을 넣어서 그래뉴당이 잘 녹을 때까지 섞어 준다.

3

1에서 따뜻하게 데운 우유를 ¼ 만큼만 더해서 먼저 한 번 잘 섞어준 다음 남은 우유를 다 넣어서 섞어 준다.

4

냄비로 옮겨서 약한 불에 올린다. 냄비 안을 훑어주듯이 젓는데 반죽이 82℃가 되면 불을 끈다.

5

체에 거르면서 볼에 옮긴다.

6

얼음물을 넣은 볼에 중탕해 식히면서
잘 섞어준다.

7

크림을 식히고 난 후 완성.

크렘 앙글레즈를 더 풍부하게 맛볼 수 있는 레시피

{ 아이스크림 }

재료는 크렘 앙글레즈만 있으면 됩니다.
이대로 아이스크림 메이커에 넣어서 만듭니다.
다 완성된 아이스크림은 그 맛도 특별합니다.

⚜ **재료**

크렘 앙글레즈 ······ 원하는 만큼의 양

잘 식힌 크렘 앙글레즈
를 아이스크림 메이커
에 넣어서 메이커 사용
설명서대로 설정하고
아이스크림이 완성되면
그릇에 담는다.

기본 크림 레시피 4

아몬드 크림

아몬드와 버터의 향기가 한데 어우러진 풍부한 크림. 아몬드 크림 그대로 또는 아몬드 크림과 커
스터드 크림을 합쳐서 타르트 반죽에 짜 올려 오븐에서 구워 내는 것이 일반적입니다.

재료(완성된 양은 약 435g)

다 완성된 크림 양을 적게 하고 싶을 경우에는 전체 재료
의 반 정도만 사용해서 만든다.

버터	125g
설탕	125g
아몬드 파우더	125g
계란 전체	125g

1

크림 상태가 된 버터에 설탕을 넣는다.

2

가볍게 섞어준다.

3

아몬드 파우더를 조금씩 넣어주면서 거
품을 내어준다.

4

전체가 한데 섞인 상태.

5

계란 전체를 조금씩 더하면서 섞어 준
다.

6

크림이 균일하게 될 때까지 섞어 준다.

7

완성

아몬드 크림을 더 풍부하게 맛볼 수 있는 레시피

{ 신선한 과일 타르트 }

아몬드 크림에 커스터드 크림을 더해서 신선한 크렘 프랜지페인을 만들어서 구워 그 위에 신선한 과일을 여러 가지 색깔로 준비해서 타르트를 장식합니다.

재료(지름 12cm의 타르트 팬 2개 분)

파타 슈크레(P40 B)　½(약 200g)

크렘 프랜지페인 *타르트에 넣을 크림
아몬드 크림 ·········· 180g
커스터드 크림 ······ 140g

데코레이션 크림과 과일
커스터드 크림 ······ 160g
빨간 과일 시럽(P41 E)
·· 20g
딸기, 그레이프 후르츠, 오렌지,
파인애플, 키위, 라즈베리, 블랙베리
······························· 적당한 양

1

타르트 팬에 파타 슈크레를 넣어서 타르트 반죽의 토대를 만드는데 냉장고에서 1시간 정도 휴지한다. 휴지한 후 냉장고에서 꺼내 160℃로 설정한 오븐에서 약 25분간 구워낸다. 크렘 프랜지페인의 재료를 섞어서 짤주머니에 넣어서 모양 깍지 원형팁 12호로 타르트 반죽 한 개 당 160g씩 짜서 올린다.

2

1을 160℃로 설정한 오븐에서 25분간 굽는다. 남아 있는 열이 다 없어지면 빨간 과일 시럽을 표면에 바른다.

3

타르트 표면 위에 올리는 용의 커스터드 크림을 짤주머니에 넣어서 모양 깍지 원형팁 12호로 중앙에 타르트 한 개 당 80g 정도 짜서 올린다.

4

커스터드 크림을 짜서 올린 바깥쪽부터 딸기로 장식하고 커스터드 크림 위에는 자른 과일들을 수북이 쌓아 올려서 타르트를 장식한다.

기본 크림 레시피 5

버터크림

프랑스 과자에 자주 사용되는 버터크림. 기본적으로 총 4종류가 있습니다. 버터에 커스터드 크림
이나 머랭 등을 더해 버터가 자체적으로 가지고 있는 고유의 맛을 더 진하게 만들어 입에서 살살
녹는 식감을 더 풍부하게 해줍니다.

❖ 커스터드 크림을 기본으로 한 버터크림

커스터드 크림(P17)에 버터를 더해서 만드는 크림.
혀에 착 감기는 감칠맛이 특징입니다.
점성이 강해서 수분이 많은 과일과 함께 만들어도 어그러지지 않고 잘 녹지 않기 때문에
사브레나 슈 반죽 등과도 상성이 좋습니다.

재료(완성된 양은 약 400g)

다 완성된 크림 양을 적게 하고 싶을 경우에는 전체 재료
의 반 정도만 사용해서 만든다.

커스터드 크림(P17) 260g
(우유 200g, 계란 노른자 50g, 그래뉴당 60g,
박력분 20g, 바닐라 엑기스 1g)
버터 ························· 140g

1

버터를 크림 상태처럼 부드럽게 될 때까지 젓는다.

2

차가워진 커스터드 크림을 중탕으로 약 20℃까지 따뜻하게 하고 매끄러워질 때까지 잘 섞어 준다.

3

버터를 커스터드 크림에 조금씩 넣으면서 거품을 낸다.

4

커스터드 크림이 균일하게 매끄러워지면 남은 것을 다 넣어서 거품을 낸다. 섞어 넣은 커스터드 크림이 너무 차가워지면 매끄럽게 거품이 나지 않기 때문에 20℃ 정도의 온도로 맞춘다.

5

완성

❖ 크렘 앙글레즈를 기본으로 한 버터크림

우유가 많이 들어 있는 크렘 앙글레즈(P22)와 버터를 합친 크림입
니다. 입에서 살살 녹으면서 다른 반죽과도 상성이 좋습니다.

❖ 재료(완성된 양은 약 385g)

다 완성된 크림 양을 적게 하고 싶을 경우에는 전체 재료
의 반 정도만 사용해서 만든다.

크렘 앙글레즈(P22) 210g
(우유 125g, 계란 노른자 40g, 그래뉴당 75g,
바닐라 엑기스 1g)
버터 175g

크렘 앙글레즈를 중탕으로 해서 약 20℃까지 따뜻하게 한다. 크림처럼 부드러워진 버터에 크렘 앙글레즈를 $\frac{1}{5}$ 정도 더한다.

잘 저어주면서 다시 $\frac{1}{5}$정도 양의 크렘 앙글레즈를 또 한 번 넣어 균일하게 될 때까지 섞어준다.

2를 다시 반복해서 전부 섞어준 상태. 크렘 앙글레즈가 차가우면 매끄럽게 되지 않는데 이 경우에는 중탕으로 크렘 앙글레즈를 따뜻한 상태로 유지하면서 거품을 내는 것이 보다 좋은 크림으로 완성시킬 수 있다.

완성

❧ 이탈리안 머랭을 기본으로 한 버터크림

미끈미끈한 식감을 가지고 있는 크림으로 먹을 때에는 단맛이 잘 느껴지지 않기 때문에 반죽 자체가 매우 달거나 아니면 디저트에 살짝 쓴 맛을 내고 싶은 경우에 사용하는 것이 좋습니다. 상온에서도 잘 녹지 않아서 과자 형태 그대로 보존하기 쉽다는 것이 특징입니다.

🍮 재료(완성된 양은 약 355g)

다 완성된 크림 양을 적게 하고 싶을 경우에는 전체 재료의 반 정도만 사용해서 만든다.

계란 흰자	60g
그래뉴당	100g
물	35g
버터	225g

1

볼에 계란 흰자를 넣어서 폭신폭신해질 때까지 거품을 내어서 머랭을 만든다. 냄비에는 그래뉴당과 물을 넣어서 중간 불에 올려 시럽을 만든다.

2

시럽의 온도가 118℃가 될 때까지 졸
인 다음 불을 끄고 계란 흰자에 조금씩
시럽을 부어가면서 핸드믹서로 거품을
낸다. 모든 시럽을 다 넣은 단계에서 7
분간 거품을 내어준다.

3

머랭에 남아 있는 열이 다 없어질 때까
지 거품을 낸다. 그러면 거품 표면이 아
주 매끄럽고 윤기가 나면서 탄력 있는
머랭이 된다.

4

크림 상태의 버터를 여러 번에 걸쳐서
머랭에 더하는데 응어리가 다 없어질
때까지 균일하고 매끄럽게 되도록 잘
섞어준다.

5

완성

❖ 파타봄브를 베이스로 한 버터크림

감칠맛이 있으며 버터의 맛을 가장 잘 느낄 수 있는 크림입니다. 입에 넣었을 때 입안에서 살살 녹고 본래 크림이 가지고 있는 맛 자체도 진해서 반죽과 합치면 반죽 안에서부터 확실하게 크림 맛을 느낄 수 있습니다.

♔ 재료(완성된 양은 약 355g)

다 완성된 크림 양을 적게 하고 싶을 경우에는 전체 재료의 반 정도만 사용해서 만든다.

계란 노른자 ············ 60g
그래뉴당 ··············· 90g
물 ······················· 30g
버터 ···················· 225g

1

볼에 계란 노른자를 넣어서 하얗게 될 때까지 거품을 낸다. 냄비에는 그래뉴당과 물을 넣고 중간 불에 올려서 시럽을 만든다.

2

시럽의 온도가 118℃로 될 때까지 졸인 다음 불을 끈다.

3

계란 노른자를 조금씩 넣으면서 거품을 낸다.

4

하얗게 될 때까지 계속해서 거품을 낸다.

5

볼에 온도가 사람의 피부 온도 정도로 될 때까지 거품을 낸다(7분 정도 거품을 내는 것이 기본).

크림 상태의 버터를 조금씩 더해서 그 때마다 응어리가 생기지 않도록 균일하게 섞어 준다. 버터가 너무 차가워지면 매끄럽게 섞이기 힘들기 때문에 20℃ 정도의 온도에서 합쳐 준다.

완성

버터크림을 더 풍부하게 맛볼 수 있는 레시피

{ 건포도 버터 샌드 }

버터크림을 메인으로 하는 이 샌드에는 맛을 확실히 느낄 수 있는 파타봄브를 기본으로 한 버터크림을 사용합니다.

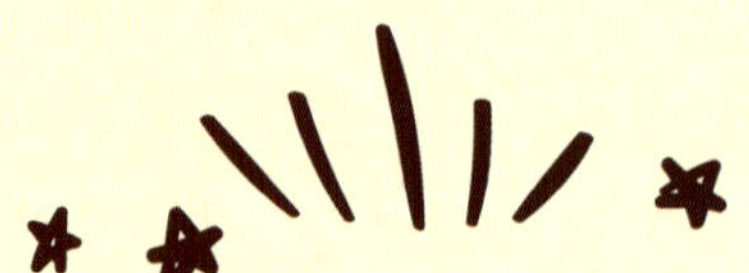

재료(10개 분)

버터크림(파타봄브를 기본으로 한)
·················· 130g
파타 슈크레(P40 B)　½(약 200g)
럼 건포도(P42 H) ······ 80알

파타 슈크레를 3mm 두께로 짜서 3 × 7cm의 크기의 직사각형으로 20개를 만들어 160℃로 설정한 오븐에서 20분 동안 구워서 사브레 반죽을 만든다. 남은 열이 다 없어지면 짤주머니에 파타봄브를 기본으로 한 버터크림을 넣어서 모양 깍지 빗살 무늬 팁으로 크림을 사브레 반죽 위에 짜 올린다. 10개의 사브레 반죽에 럼 건포도 8알을 올려서 럼 건포도를 올리지 않은 크림을 짜 놓은 다른 10개의 사브레 반죽을 위에 덮어서 완성한다.

2

여러 가지
크림을 사용해서
만드는
디저트

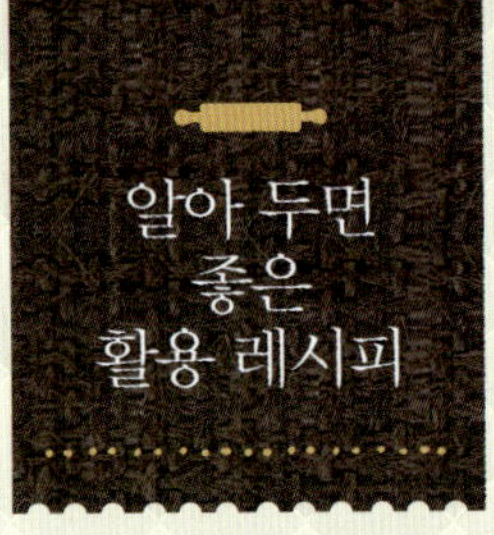

알아 두면 좋은 활용 레시피

기본 크림을 사용하는 디저트 레시피에도 활용할 수 있고
타르트 반죽이나 시럽 등 다양한 그 외 방법들을 소개합니다.

(A)

❈ 이탈리안 머랭

데코레이션에 활용하기도 하고 반죽에도 넣고
말랑말랑한 질감을 주는 반죽으로 만들 때 사용합니다.

재료(완성된 양은 약 240g)

그래뉴당	160g
물	60g
계란 흰자	80g

1
그래뉴당과 물을 냄비에 넣고 중간 불에 올려서 시럽을 만든다. 계란 흰자를 볼에 넣어서 하얗게 될 때까지 거품을 낸다.

2
시럽이 118℃가 되면 불을 끄고 계란 흰자를 더한다. 남아 있는 열이 없어질 때까지 확실히 거품을 낸다. 윤기가 나면서 탄력이 생기면 완성이다.

(B)

❈ 파타 슈크레

사브레나 타르트 반죽의 토대가 됩니다. 잘 정리해서 만들면 냉장고에서 1주일간, 냉동고에서 3주간 보관이 가능합니다. 냉동한 경우에는 냉장고에 넣어서 해동하고 난 후 사용합시다.

재료(완성된 양은 약 390g)

버터	100g
아몬드 파우더	20g
소금	0.5g
박력분	85g
강력분	85g
계란 전체	40g
가루 설탕	65g

1
차가운 버터를 1cm 크기의 각으로 잘라서 넣고 계란 전체를 제외한 다른 모든 재료를 볼에 넣는다.

2
전체를 소보루 형태가 되도록 커터로 가능한 한 잘 자르면서 섞어준다.

3
다음에 계란 전체를 넣어서 한데 잘 정리될 때까지 균일하게 섞어준다. 반죽을 랩으로 감싸서 냉장고에서 하룻밤 휴지해 둔다.

포인트

파타 슈크레는 버터를 한데 뭉친 반죽이어서 갑자기 늘이면 너덜너덜해지면서 부스러지기 쉬워집니다. 반죽을 늘이기 전에는 적당한 딱딱함이 생길 때까지 반죽하도록 합시다.

4
2cm 두께 정도로 펼쳐서 정리해 둔다.

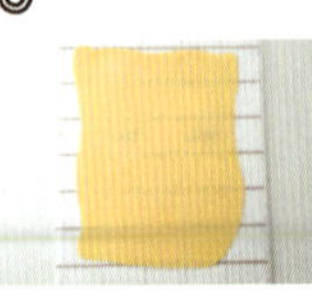

5
사용할 때에는 밀가루를 뿌리면서 세로와 가로로 균일하게 힘을 주면서 2mm 두께로 반죽을 늘이고 타르트 팬에 끼워 넣어서 사용한다.

(C)

보메 30
*프랑스와 호주에서 사용되는 당도 단위

재료(완성된 양은 약 220g)

물	100g
그래뉴당	125g

당도 30도의 시럽입니다. 여러 가지 레시피에 사용하고 있습니다. 과일을 시럽에 담가서 코딩을 하는 것만으로도 과일의 색이 변하지 않는 역할을 해 줍니다. 보관은 냉장고에서 2주 정도입니다.

그래뉴당과 물을 냄비에 넣어서 중간 불에 올려 끓이고 완전히 다 끓어오르면 불을 끈다.

(D)

✤ 과일 콩포트의 시럽

재료(완성된 양은 약 300g)

그래뉴당	100g
물	200g
레몬 과즙	10g

냉동 과일을 절여서 콩포트로 만듭니다.
해동하기 전까지 절여서 사용합니다.

모든 재료를 냄비에 넣고 중간 불에 올려 끓이고 완전히 다 끓어오르면 불을 끈다.

(E)

✤ 빨간 과일 시럽

주로 스폰지나 타르트 반죽에 바릅니다. 냉장고에서 3일간 보관이 가능합니다.

재료(완성된 양은 약 100g)

라즈베리 퓌레	25g
모렐로 체리 퓌레	25g
딸기 퓌레	25g
보메30(P41 C)	25g

모든 재료를 냄비에 넣고 중간 불에 올려 끓여서 사람의 피부 온도 정도로 따뜻해지면 완성.

(F)

✤ 커피 에센스

인스턴트 커피를 사용하기 때문에 매우 간단하게 만들 수 있습니다.
커피의 쓴 맛과 그리고 향기까지 사용합니다.

재료(완성된 양은 약 60g)

인스턴트 커피	25g
뜨거운 물	35g

뜨거운 물에 인스턴트 커피를 녹여서 사용합니다.

(G)

❖ 프랑브와즈 잼

에클레르나 마카롱에 사용합니다.
냉장고에서 3주간 보관이 가능합니다.

재료(완성된 양은 약 240g)

프랑브와즈 퓌레 … 125g		그래뉴당 … 100g
레몬 과즙 … 5g		펙틴 … 1g

1

냄비에 프랑브와즈 퓌레
와 레몬 과즙을 넣어서
중간 불로 사람의 피부
온도 정도까지 따뜻하게
한다.

2

그래뉴당과 펙틴을 더
한다.

3

완전히 끓어오르면 불
을 끈다.

4

평평한 팬에 넣어서 차
갑게 식힌다.

(H)

❖ 럼 건포도

건포도를 럼주에 담가서 1주일간 절인 다음
에 사용합니다. 그러면 냉장고에서 1주일간
정도 보관이 가능합니다.

재료(완성된 양은 약 100g)

건포도	100g
럼주	90g

밀폐 용기에 건포도와 럼주를 넣고 냉장고에서
1주일간 절인다.

(I)

❖ 색소

에클레르의 코팅이나 마카롱의 반죽에 색을
입힐 때 등에 사용합니다. 색소 가루를 녹일
때는 가루의 4배 정도 되는 물에 녹입니다.
냉장고에서 3주간 보관이 가능합니다.

재료(완성된 양은 약 50g)

색소 가루 … 10g
(이 책에서는 깨끗한 빨간색의 색소 가루를 사용합니
다. 빨간색의 색소는 적102호 5g, 적2호 5g, 노란색
색소는 황4호 10g을 사용합니다)
뜨거운 물 … 40g

가루 응어리가 없어질 때까지 물로 녹이면 완성이
다.

(J)

❖ 설탕 옷 입히기

넛츠 종류를 그래뉴당으로 코팅합니다.

재료(완성된 양은 약 130g)

넛츠	100g
물	20g
그래뉴당	35g

냄비에 그래뉴당과 물을 넣고 완전히 끓인 뒤 다시 한 번 오븐에서 로스트한 넛
츠를 넣은 뒤 중불에 올려 실리콘 주걱으로 저어 준다. 냄비에 수분이 없어지게
되면 불을 끄고 냄비를 살살 흔들어서 그래뉴당이 결정화되면 전체적으로 코팅
이 된다. 평평한 냄비에 펼쳐서 식힌다.

생크림을 사용해서 만드는 디저트 1

데코레이션 케이크

생크림과 딸기를 샌드위치처럼 겹쳐서 케이크 겉표면에 생크림으로 장식하는 기본 데코레이션 케이크입니다. 장식할 때 모양 깍지를 바꿔서 만드는 2가지 패턴의 데코레이션 테크닉을 소개합니다.

재료 (지름 15cm 케이크 팬 1개 분)

생크림(P15) ·········· 300g

스폰지 반죽

계란 전체 ··········· 120g
계란 노른자 ·········· 20g
그래뉴당 ··········· 70g
꿀 ··············· 15g
박력분 ············· 70g
우유 ·············· 10g
버터 ·············· 20g

데코레이션

딸기 ·············· 적당한 양
나파주 ············· 적당한 양

 스폰지 케이크 반죽을 만든다.

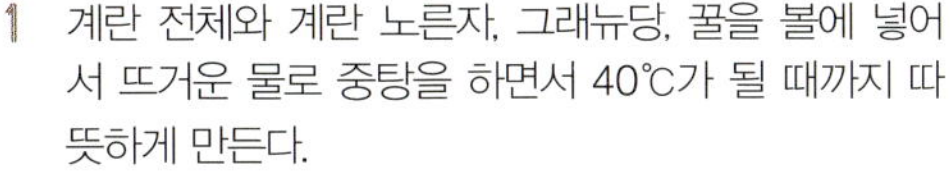

1 계란 전체와 계란 노른자, 그래뉴당, 꿀을 볼에 넣어서 뜨거운 물로 중탕을 하면서 40℃가 될 때까지 따뜻하게 만든다.

2 손 거품기로 섞으면 조금씩 거품이 나오게 된다.

3 핸드믹서로 사진과 같이 하얗게 될 때까지 거품을 낸다.

4 체에 내린 박력분을 여러 번에 걸쳐서 볼에 넣고 이를 잘 섞어서 합쳐준다. 사람의 피부 온도 정도로 따뜻해진 우유와 녹인 버터를 더해서 한데 잘 섞어준다.

5 반죽을 팬에 넣어서 160℃로 설정한 오븐에서 약 30분간 굽는다.

6 팬에서 꺼내서 식힌다.

7 반죽이 완전히 식은 다음 1cm의 균일한 두께가 되도록 슬라이스로 3장을 자른다.

PROCESS 8-17 스폰지에 크림과 과일을 끼워 넣는다.

8 생크림은 사용하기 30분 전에 7분간 거품을 내서 냉장고에서 차갑게 해 둔다. 사용하기 직전에 얼음물에 중탕으로 실 쉬어가면서 크림 셀을 싱리인나.

9 스폰지 반죽 1개에 생크림을 전체 펴 바른다. 반죽 중앙에 크림을 올려서 파레트로 얇게 펼친다.

10 두께 5mm 정도로 슬라이스로 자른 딸기를 생크림을 덮는 느낌으로 비는 공간 없이 균일하게 올린다.

11 그 위에 생크림을 쌓아 올려서 파레트로 얇게 펼친다.

12 두 번째 스폰지 반죽을 위에 겹쳐 올린다.

13 첫 번째 스폰지 반죽과 마찬가지로 중앙에 생크림을 올려놓고 파레트로 얇게 펼친다.

14 딸기를 비는 공간 없이 올린다.

15 또 다시 생크림을 중앙에 올려서 생크림을 파레트로 얇게 펼친다. 생크림은 얼음물로 중탕을 하면서 가지런히 섞어가면서 스폰지에 올린다.

16 세 번째 스폰지 반죽을 위에 겹쳐 올린다.

17 크림과 딸기를 반죽 사이에 2개의 층으로 끼워서 만든 상태. 이 이후 케이크 옆면과 위에 생크림을 바르기 때문에 작업하기 쉽도록 **17**을 케이크 회전판에 올린다.

 표면에 데코레이션을 한다.

18 파레트로 크림을 바른다.

19 스폰지 반죽의 옆면을 파레트로 누르면서 크림을 바른다. 회전판을 천천히 돌려가면서 케이크 옆면을 크림으로 정리한다.

20 옆면에 생크림을 한 번 바르고 케이크의 토대를 만들어 놓는다.

21 위의 중앙에 생크림을 듬뿍 올린다.

22 파레트로 스폰지 반죽 윗면에 크림을 펼쳐 바른다.

23 회전판을 돌리면서 전체가 균일하게 펼쳐지도록 한다.

24 파레트로 많이 남아 있는 여분의 크림을 적당히 덜어내고 케이크 위를 누른 채 회전판을 돌려가면서 윗면을 정리한다.

25 다시 한 번 파레트로 남은 크림을 덜어내고 옆면은 파레트를 수직으로 세워 끝을 회전판에 고정시킨 상태로 돌리면서 옆면을 정리한다.

26 처음 옆면에 바른 것보다 생크림 두께가 더 두꺼워져서 스폰지가 보이지 않을 정도로 바른다.

27 옆면을 한 번 바르고 난 뒤의 상태.

28 위의 가장 바깥쪽에서부터 중앙으로 옆면에 남아 있
　 는 크림을 정리한다.

29 표면이 평평하게 정리가 되면 파레트로 매끄럽게 되
　 도록 문지르며 그 때마다 파레트로 남은 여분의 크림
　 을 적당히 덜어낸다.

30 옆면의 밑에 삐져나온 크림을 파레트로 덜어낸다.

31 케이크를 접시로 옮긴다.

케이크 윗면 데코레이션 패턴 1

32 남은 생크림을 10분간 거품을 더 낸 후에 짤주머니에 별모양 팁으로 바깥쪽에서 안쪽으로 향한 채 크림을 짜면서 장식한다. の자를 쓰듯이 케이크 윗면의 가장 바깥쪽에 짜 올린다.

33 한 줄이 다 완성된 상태.

34 중앙에 비어 있는 부분에 딸기를 크림에 파묻히듯이 장식한다. 케이크 완성.

케이크 윗면 데코레이션 패턴 2

35 전체적으로 케이크에 생크림을 바르는 것까지 똑같이 하면 된다. 케이크를 그릇에 옮기지 않고 회전판에 있는 채 그대로 데코레이션을 한다.

36 중앙에 딸기를 올려놓는다.

37 세로로 자른 프랑브와즈에 나파주를 발라서 딸기와 같이 조금 높게 쌓는 느낌으로 쌓아올린다.

38 중앙에 딸기와 프랑브와즈로 데코레이션 한 상태.

39 생크림을 짤주머니에 넣어서 모양 깍지 장미 모양팁을 이용해 회전판을 돌려가면서 비스듬이 라인을 안쪽에서부터 바깥쪽으로 향해서 그린다.

40 중앙에 배치한 딸기 옆에 생크림을 짜서 빈틈없이 꽉 채워서 장식한다. 균일한 크기의 크림이 나올 수 있도록 힘을 조절하면서 케이크 윗부분에 한 줄 돌려서 장식한다.

41 완성

므랑샹티

구워낸 머랭의 폭신하면서도 녹는 듯한 식감에 생크림을 바르고 또 이 머랭을 두 개 겹쳐서 만드
는 므랑샹티. 머랭 위에 생크림을 올린 것과 과일로 데코레이션을 한 2가지 종류의 레시피로 만
들었습니다.

재료(12개 분)

✗ 기본 므랑샹티

생크림(P15) ………… 360g

머랭
계란 흰자 ………… 100g
그래뉴당 ………… A100g, B80g
가루 설탕 ………… 적당한 양

✗ 따른 버전의 므랑샹티

생크림(P15) ………… 60g

머랭
기본 므랑샹티와 같은 양으로
(가루 설탕은 뺀다)

치즈 크림
생크림 45%(거품을 내지 않는다)
………… 70g
크림 치즈 ………… 50g
그래뉴당 ………… 20g
꿀 ………… 10g
레몬 과즙 ………… 1g

데코레이션용 과일
딸기, 오렌지, 그레이프 후르츠,
프랑브와즈 등 …… 적당한 양

PROCESS 1-9 머랭을 만든다.

5 가루 설탕을 2회에 걸쳐 체에 내리면서 뿌린다. 첫 번째의 가루 설탕이 녹아서 반죽에 잘 붙으면 그 다음에 두 번째 가루 설탕을 체에 친다.

6 110℃로 설정한 오븐에서 2~3시간 굽는다. 표면에 잘 구워진 색이 나오면 완성. 이렇게 하면 오븐 안에서 구워지며 가루 설탕이 녹게 되어 머랭 반죽을 씹으면 오도독 하는 식감으로 완성된다.

7 두 번째 버전의 경우에는 같은 양의 재료로 머랭을 만들어서 짤주머니에 넣어서 모양 깍지로 별 모양팁 지름 4cm의 원을 짜 낸다.

8 그 원의 바깥쪽에 기둥을 세우듯이 짤주머니를 세워서 바깥쪽에 둘러서 머랭을 짠다. 총 12개를 만든다.

9 두 번째 버전에는 가루 설탕을 뿌리지 않고 오븐에서 같은 방식으로 굽는다.

1 계란 흰자에 그래뉴당 A를 3회에 걸쳐 넣으면서 거품을 낸다

2 그래뉴당 A를 전부 넣어서 핸드믹서로 확실히 거품을 내다가 어느 정도 거품이 나면 실리콘 주걱으로 바꾼다.

3 그래뉴당 B를 다시 한 번 넣고 실리콘 주걱으로 균일하게 저어준다.

4 3을 짤주머니에 넣어서 모양 깍지 원형 팁 12호로 7cm 정도의 작은 타원형의 모양으로 평평한 팬에 머랭을 24개 짜 올린다.

 생크림을 겹쳐서 데코레이션을 한다.

10 **6**에서 구운 머랭 2장을 겹치는데 1장은 거꾸로 뒤집어서 놓는다.

11 10분간 거품을 낸 생크림을 짤주머니에 넣어서 모양 깍지 별 모양팁으로 거꾸로 뒤집어 놓은 머랭 반죽 위에 듬뿍 짜서 올린다.

12 다른 머랭 한 장과 샌드위치처럼 붙인다.

13 머랭과 머랭 사이의 들어간 생크림 부분이 위로 가게 해서 거기에 원을 그리듯이 또 생크림을 짜서 올린다. 그럼 완성이다.

 과일로 데코레이션을 한다.

14 치즈 크림을 만든다. 크림치즈를 실리콘 주걱으로 매끄럽게 되도록 하면서 그래뉴당을 넣고 섞은 다음에 꿀을 넣어 다시 잘 섞이도록 저어준다. 거품을 내지 않은 생크림을 넣어서 치즈의 응어리가 생기지 않도록 하면서 레몬 과즙을 넣고 또 섞어준다.

15 **14**의 치즈 크림을 짤주머니에 넣고 모양 깍지 원형팁 10호로 머랭의 중앙에 짜서 올린다. 1개당 약 20g 정도씩 짜서 총 6개를 만든다.

16 10분간 거품을 낸 생크림을 짤주머니에 넣어서 모양 깍지 별 모양팁으로 한 개 당 약 10g 정도 중앙에 짜서 올린다. 같은 방식으로 머랭 6개 위에 모두 짜서 올린다.

17 짜서 올린 크림 위에 과일로 데코레이션을 한다. **15**에는 오렌지와 그레이프 후르츠를 사용하고 **16**에는 딸기와 프랑브와즈를 사용한다. 과일을 세워서 어느 정도 크기가 나올 수 있도록 크림 위에 잘 올린다.

18 과일을 수북하게 장식하면서 완성.

커스터드 크림을 사용해서 만드는 디저트 1

슈 아 라 크림

커스터드 크림의 맛을 온전히 느낄 수 있게 하는 슈크림을 두 가지 소개합니다.
하나는 아몬드를 묻힌 심플한 슈크림이고 다른 하나는 리큐르와 커스터드 크림을 합쳐 넣은 슈
캐러멜입니다. 슈 반죽은 에클레르나 샌드 롤 캐러멜, 파리 브레스트 등에도 활용 가능합니다.

두 종류의 슈 아 라 크렘

재료(10~12개분)

커스터드 크림(P17)　300g

슈 캐러멜 크림
커스터드 크림(P17)　300g
그랑 마니에르 …… 10g

슈 반죽
우유 …………… 50g
물 ……………… 50g
버터 …………… 50g
소금 …………… 1.3g
그래뉴당 ……… 3g
박력분 ………… 62g
계란 전체 ……… 126g

아몬드 파우더 …… 적당한 양

캐러멜 코팅
그래뉴당 ……… 100g
물엿 …………… 20g
물 ……………… 30g

1

2

3

4

1 냄비에 우유, 물, 버터, 소금, 그래뉴당을 넣는다.

2 중간 불에 올려 젓다가 완전히 끓어오르기 직전에 불을 끈다.

3 불을 끄고 체에 내린 박력분을 더한다.

4 가루가 없어질 때까지 균일하게 잘 저어준다.

5 중간 불에 올려서 정리를 해가며 반죽하듯이 저어준다.

6 도구를 실리콘 주걱으로 바꾸어서 냄비 밑에 반죽이 하얗게 살짝 붙을 때까지 반죽한 뒤 불을 끈다.

7 잘 풀어 놓은 계란 전체를 여러 번에 걸쳐서 넣는다. 넣을 때마다 반죽을 확실히 잘 섞어주고 매끄럽게 만들어 준다.

8 모든 재료를 넣고 나서 부드럽게 되면 완성된 것이다. 슈 반죽이 차가워지지 않도록 가능한 한 빨리 작업을 한다.

9 슈 반죽을 짤주머니에 넣어서 모양 깍지 원형팁 12호로 지름 5cm로 짠다. 짠 반죽의 반은 표면에 분무기로 물을 뿌리고 나서 아몬드 파우더를 뿌린다.

10 180℃로 설정한 오븐에서 약 25분간 굽는다.

PROCESS
11 캐러멜로 코팅을 한다.

11 캐러멜 코팅 재료를 모두 냄비에 넣어서 중간 불에 올려 끓이다가 캐러멜 색이 나오면 불을 끈다. 뜨거울 때 5~6개의 슈 반죽의 표면에 바른 뒤 건조한다.

 크림을 짜 넣는다.

12 커스터드 크림 300g을 짤주머니에 넣어서 모양 깍지 원형팁 12호로 아몬드 파우더를 체에 내린 슈 반죽에 그림과 같이 밑부분에서부터 충전물을 짜 넣는다. 크림이 조금 흘러나오는 정도로 짜 넣는다. 한 개당 50~60g의 커스터드 크림을 채워 넣는다.

13 슈 캐러멜 용의 커스터드 크림과 그랑 마니에르를 섞어서 캐러멜로 코팅한 슈 반죽에 짜 넣는다.

14 안의 충전물을 다 짜 넣은 상태. 튀어나온 크림은 파레트로 덜어서 완성한다.

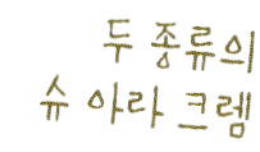

세 종류의 에클레르

화려한 색을 가진 세 가지의 각기 다른 에클레르입니다. 크림에 색을 입혀서 표면을 데코레이션 했습니다. 반죽을 비스듬히 해서 옆면에 과일이 보일 수 있도록 배치한 것이 이 데코레이션의 포인트입니다.

🥄 재료(각 10개분)

🍴 프랑브와즈 에클레르

에클레르 반죽
슈 아 라 크렘과 같은 양(P60)

프랑브와즈 에클레르 반죽의 폰던트
폰던트 ················· 240g
보메30(P41 C) ······ 20g
빨간 색소(P42 I) ··· 2g

중간에 채워 넣는 크림과 과일
생크림(P15) ··········· 200g
커스터드 크림(P17) 200g
키르슈 ·················· 8g
프랑브와즈 잼(P42 G)
 ························· 50g
프랑브와즈 ··········· 약 40알
· 딸기로 대용 가능
나파주 ·················· 적당한 양

🍴 감귤 에클레르

에클레르 반죽
슈 아 라 크렘과 같은 양(P60)

감귤 에클레르 반죽의 폰던트
폰던트 ················· 240g
보메30(P41 C) ······ 20g
노란 색소(P42 I) ··· 2g

중간에 채워 넣는 잼
오렌지주스 ·········· 60g
패션 후르츠 퓌레 65g
그래뉴당 ·············· 110g
팩틴 ··················· 1g

중간에 채워 넣는 크림과 과일
생크림(P15) ··········· 200g
커스터드 크림(P17) 200g
키르슈 ·················· 8g

망고, 파인애플 1cm의 각 그기로
 ···················· 각각 20개씩
오렌지 ·················· 20 쪽
그레이프 후르츠 ··· 10 쪽
나파주 ·················· 적당한 양

🍴 커피 에클레르

에클레르 반죽
슈 아 라 크렘과 같은 양(P60)

커피 에클레르 반죽의 폰던트
폰던트 ················· 240g
보메30(P41 C) ······ 20g
커피 에센스(P41 F) 약 4~6g

중간에 채워 넣는 크림
커스터드 크림(P17) 400g
커피 에센스(P41 F) 16g

PROCESS 1-2 에클레르 반죽을 만든다.

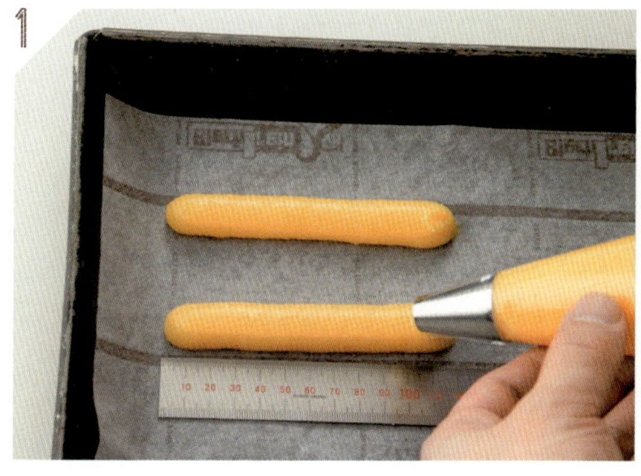

1 P60의 슈 반죽과 같은 순서대로 에클레르 반죽을 만들어 짤주머니에 넣어서 모양 깍지 원형팁 12호를 사용해 평평하고 넓은 판에 12cm의 길이로 짠다.

2 180℃로 설정한 오븐에서 약 25분간 굽는다.

 에클레르 반죽에 코팅을 한다.

3 플라스틱 볼에 프랑브와즈 에클레르 반죽의 폰던트 재료를 한꺼번에 넣어서 전자레인지에서 약으로 45초 동안 가열한다. 전자레인지에서 꺼내서 나무 주걱으로 휘저어 섞어준다. 또 다시 전자레인지의 약에서 10~15초 가열한 후 저어서 40℃ 정도의 온도가 되면 에클레르 반죽을 담가서 표면을 코팅한다.

4 표면이 완전히 건조되면 에클레르 반죽을 반으로 자른다.

 크림과 과일을 채워 넣는다.

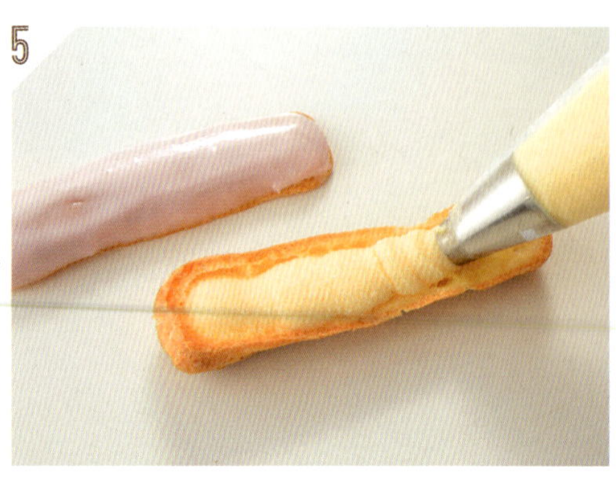

5 프랑브와즈 에클레르와 감귤 에클레르는 커스터드 크
림에 키르슈를, 커피 에클레르는 커피 에센스를 넣어서
각각 특색에 맞게 색깔을 만들어서 채워 넣는다. 크림
을 짤주머니에 넣고 모양 깍지 원형팁 10호로 반죽에
짜 넣는다.

6 프랑브와즈와 감귤 에클레르는 각각 10g씩, 커피 에클
레르만 1개 당 커피 크림을 40g 정도 짜 넣는다.

7 프랑브와즈 에클레르는 프랑브와즈 잼을 커스터드 크
림 위에 짜 올린다. 감귤 에클레르는 P42 G를 참고로
오렌지주스와 패션 후르츠 퓌레 등으로 잼을 만들고
같은 방식으로 짜 올린다.

8 반으로 자른 프랑브와즈에 나파주를 바르고 일렬로 배
열한다. 다른 에클레르 반죽을 위에 덮을 때 과일이 보
일 수 있도록 반죽을 살짝 비스듬히 해서 덮는다.

9 감귤 에클레르 과일에도 같은 방식으로 나파주를 바르
고 망고, 오렌지, 그레이프 후르츠, 파인애플을 올려 놓
는다.

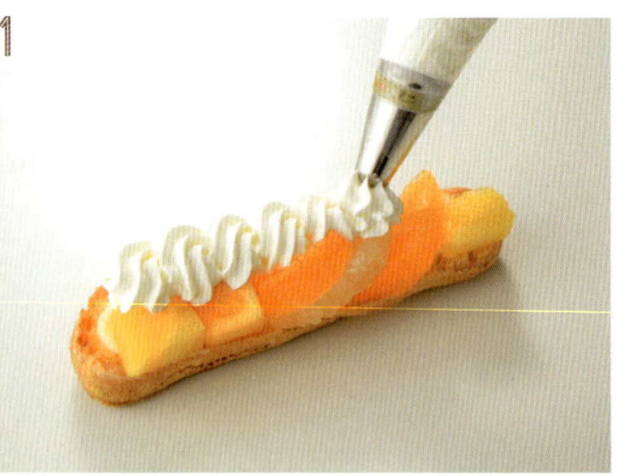

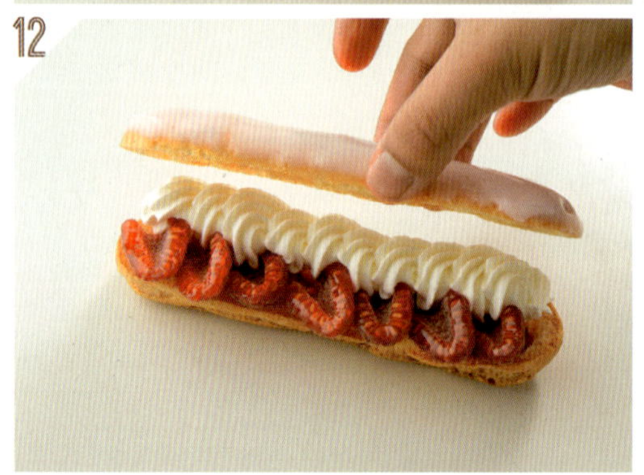

10 10분간 거품을 낸 생크림을 짤주머니에 넣어서 모양 깍지 별 모양팁 10호로 작게 원을 그리면서 프랑브와즈 옆에 짜 올린다.

11 감귤 에클레르도 같은 방식으로 생크림을 짜 올린다.

12 표면을 코팅한 에클레르 반죽을 겹쳐서 올리면 완성.

샌드 롤 캐러멜

작은 쁘띠 슈 안에 커스터드 크림을 채워 넣고 위에는 캐러멜 풍미가 느껴지는 생크림으로 데코레이션을 했습니다. 캐러멜 크림은 10분간 확실히 거품을 내고 나서 사용하는 것이 포인트입니다.

🥄 **재료**(12개분)

커스터드 크림(P17)   300g
그랑 마니에르 ……   10g
굵은 설탕 …………   적당한 양
파타 슈크레(P40 B)   ½(약 200g)

슈 반죽
슈 아 라 크렘과 같은 양(P60)

캐러멜 크림
그래뉴당 …………   105g
버터 ………………   105g
생크림 45%(거품을 내지 않고)
………………………   630g

호두 설탕 옷 입히기(P42 J)
………………………   65g

 캐러멜 크림을 만든다.

1

2

3

4

1 그래뉴당을 냄비에 넣어서 중간 불에 올린다.

2 캐러멜 색이 나올 때까지 그래뉴당을 녹인다.

3 원하는 캐러멜 색이 나오면 불을 끄고 버터를 넣는다. 버터가 전체적으로 합쳐질 수 있도록 잘 섞어준다.

4 50℃ 정도로 따뜻하게 해 둔 생크림을 여러 번에 걸쳐 넣으면서 한데 섞어 준다.

5 잘 합쳐지면 중간 불에 올려서 냄비 안이 조금씩 부글 부글 거품이 올라올 때까지 잘 섞는다.

6 다 끓어오르면 평평한 팬으로 옮겨 얼음물을 채운 평 평한 팬을 밑에 두고 랩으로 밀착해서 크림을 식힌다. 다 식히면 냉장고에 넣어서 다시 한 번 식힌다.

PROCESS 7-8 슈 반죽을 만든다

7 P60의 슈 반죽과 같은 순서대로 샌드 롤 캐러멜용의 슈 반죽을 만들어서 짤주머니에 넣어서 모양 깍지 원형 팁 8호로 지름 2cm의 원이 되도록 평평한 팬에 짜 놓는다.

8 물을 분무기에 넣어서 뿌리고 난 뒤 바로 그 위에 굵은 설탕을 뿌려서 160℃로 설정한 오븐에서 약 20분간 굽 는다.

9 디저트의 토대가 되는 사브레 반죽을 만든다.

9 파타 슈크레를 2mm의 두께로 펼쳐서 8cm의 무스
링으로 모양을 만들어서 12장의 원 모양으로 만든다.
160℃로 설정한 오븐에서 약 15분간 굽는다.

 크림을 슈 반죽에 채워 넣는다.

10 커스터드 크림과 그랑 마니에르를 잘 섞어서 짤주머니
에 넣어 모양 깍지 원형팁 10호로 그림과 같이 슈 반
죽의 뒷면에서부터 채워 넣는다.

11 샌드 롤 캐러멜 1개 당 3개의 슈를 만든다.

 캐러멜 크림을 데코레이션 한다.

12 평평한 팬에 펼쳐서 식혀 놓았던 캐러멜 크림을 냉장고에서 꺼내 짤 수 있을 정도의 질감으로 거품을 낸다.

13 크림을 짤주머니에 넣어서 모양 깍지 별 모양팁 12호로 사브레 반죽의 중앙에 짜 올린다.

14 **13**의 크림 위에 **11**의 슈 3개를 사진과 같이 올린다.

15 슈의 사이사이에 크림을 짜서 가득 채워 넣는다.

16 크림을 짜서 채워 넣은 상태.

17 위 중앙에 원을 그리듯이 높게 크림을 짜서 올린다.

18 크림을 짜 올려서 데코레이션 한 상태.

19 호두에 설탕 옷을 입혀서 작은 크기로 자른 뒤 크림 위에 장식하면 완성.

커스터드 크림을 사용해서 만드는 디저트 4

루비

표면을 살짝 태운 머랭에 베리 종류의 과일을 올려 예쁘게 데코레이션 합니다.
시럽을 바른 촉촉한 스폰지 케이크 사이사이에 커스터드 크림을 듬뿍 발라서 케이크와 커스터드
크림이 층을 이루도록 만들었습니다. 베리 종류의 과일이 가지고 있는 살짝 신맛과 크림의 단맛
이 밸런스를 이루면서 절묘하게 어우러집니다.

커스터드 크림(P17)   360g

스폰지 케이크 반죽
계란 전체 ·············· 120g
그래뉴당 ················ 75g
박력분 ·················· 50g
아몬드 파우더 ········ 30g
버터 ···················· 20g
빨간 과일 시럽(P41 E)
···································· 60g

베리 콩포트
과일 콩포트 시럽(P41 D)
···································· 200g
냉동 모렐로 체리, 프랑브와즈,
레드 커런트(적건포도)
························· 각 50g
딸기 ···················· 40g

이탈리안 머랭(P40 A)
···································· 240g

데코레이션용 딸기, 프랑브와즈,
모렐로 체리 ··········· 적당한 양
나파주 ················· 적당한 양

PROCESS 1-4 스폰지 케이크 반죽을 만든다.

1 아몬드 파우더와 박력분을 체에 내려놓는다.

2 계란 전체와 그래뉴당을 사람 피부 온도 정도로 따뜻하게 만들어 거품이 하얗게 될 때까지 저으면서 **1**을 여러 번에 걸쳐서 더한다.

3 피부 온도 정도로 따뜻하게 녹인 버터를 더해서 잘 섞어준다.

4 지름 15cm의 케이크 팬에 넣어서 160℃로 설정한 오븐에서 25~28분간 굽는다. 완전히 식히면 3등분으로 잘라서 빨간 과일 시럽을 표면에 바른다.

크림과 과일을 겹쳐 만든다.

머랭과 과일로 데코레이션을 한다.

7

5 커스터드 크림을 매끄럽게 해서 짤주머니에 넣어서 모양 깍지 원형팁 12호로 첫 번째 스폰지 케이크에 90g 정도 짜 올려서 표면을 파레트로 평평하게 발라서 정리한다.

6 베리 콩포트를 만든다. 냉동 모렐로 체리, 프랑브와즈, 레드 커런트(적건포도)에 따뜻하게 데운 과일 콩포트 시럽을 발라 해동시키면서 물기를 뺀다. 이 콩포트의 반 정도 양과 4등분으로 자른 반 정도의 딸기를 반죽 위에 촘촘하게 올린다.

7 **6**의 위에 커스터드 크림 20g 정도를 짜 올려 얇게 펴 바르고 나서 두 번째 반죽에서 시럽을 바른 쪽이 밑으로 오게 샌드위치 해 올린다.

8 두 번째도 같은 방식으로 커스터드 크림을 얇게 바르고 그 위에 베리 콩포트와 딸기를 올린다. 옆면에 튀어 나오는 커스터드 크림을 파레트로 정리한다.

9 남은 커스터드 크림으로 옆면과 윗면을 코팅한다.

10 데코레이션 케이크(P48)와 같은 방식으로 짤주머니와 파레트를 사용해서 반죽 표면 전체적으로 이탈리안 머랭을 펴 바른다.

11 남은 머랭을 모양 깍지 별 모양팁으로 케이크를 데코레이션 케이크(P48)와 같은 방식으로 윗면에 바깥쪽으로 한 줄 원을 크림으로 만든다. 버너로 전체적으로 살짝 태운 듯한 색깔과 느낌을 낸다.

12 중앙에 모양 깍지 원형팁 12호로 커스터드 크림을
60g 정도 짜 올린다.

13 12 주변에 딸기로 빙 둘러서 장식한다.

14 여러 개의 딸기를 세로로 잘라서 단면에 나파주를
바른다.

15 커스터드 크림 위에 데코레이션을 한다. 어느 정도
높이감이 있도록 예쁘게 완성한다.

크렘 앙글레즈를 사용해서 만드는 디저트 1

세 종류의 베린

크렘 앙글레즈를 푸딩과 같이 차갑게 굳혀 젤리나 불랑 망즈로 색 배합을 해 예쁘게 완성합니다.
유리잔에 담아 데코레이션을 할 때는 젤리나 불랑 망즈를 숟가락으로 조금씩 부수어 겹치면서
데코레이션을 해 가다 보면 보다 예쁘게 완성할 수 있습니다.

🍴 파인애플과 망고의 베린

🥣 **재료**(140CC의 유리잔 5개분)

바닐라 크림
크렘 앙글레즈(P22)　110g
젤라틴 ················· 1g
바닐라 엑기스 ······ 1g

열대과일 젤리
열대과일 퓌레 ······ 80g
· 좋아하는 과일 과즙 또는 오렌지
　주스로 대신 가능
레몬 과즙 ············· 3g
그래뉴당 ············· 25g
젤라틴 ················· 1.5g

아몬드 불랑 망즈
우유 ··················· 200g
껍질이 있는 아몬드　15g
그래뉴당 ············· 25g
생크림 45% ········· 75g
젤라틴 ················· 3g

망고와 파인애플의 콩포트
냉동 망고(망고 청크)
····························· 90g
파인애플 ············· 80g
열대과일 퓌레 ······ 45g

새콤달콤한
파인애플과 망고의 베린

 바닐라 크림을 만든다.

1 가득 담긴 얼음물에 젤라틴을 적셔서 원래 상태로 되돌린다. 피부 온도 정도로 따뜻하게 한 크렘 앙글레즈에 물기를 없앤 젤라틴을 넣어서 잘 섞어준다.

2 유리잔에 20g씩 부어서 넣는다.

3 냉장고에서 식히면서 굳힌다.

 열대과일 젤리를 만든다.

4 열대과일 퓌레에 레몬 과즙, 그래뉴당을 넣어서 40℃ 정도까지 따뜻하게 데운다. 1과 같은 방식으로 얼음물에 원래 상태로 되돌린 젤라틴의 물기를 빼고 퓌레에 넣어서 균일하고 매끄럽게 해준다.

5 유리잔에 20g씩 부어서 넣는다.

6 냉장고에서 식히면서 굳힌다.

아몬드 불랑 망즈를 만든다.

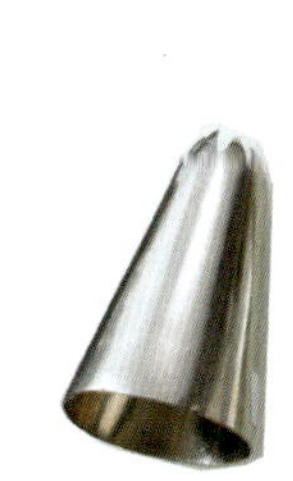
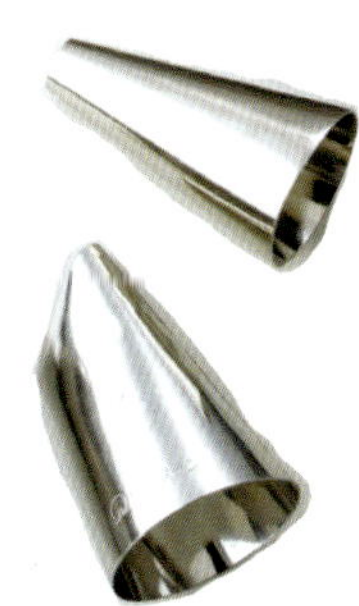

7 160℃로 설정한 오븐에서 10~12분 굽는데 구워진 색이 잘 나올 때까지 아몬드를 로스트를 한다. 냄비에 우유를 넣고 중간 불에 올려서 부글부글 하고 끓어오르면 불을 끄고 아몬드를 넣는다. 랩으로 싸서 15분 정도 놔두 어서 아몬드의 향기가 우유에 잘 스며들 수 있도록 한다. 15분이 되면 우 유를 끓여서 170g가 되는지 재 본다. 170g이 되지 않는 경우에는 우유(분 량 외)를 더한다.

8 7에다 얼음물에서 불리고 물기를 제거한 젤라틴과 그래뉴당을 더한다. 얼 음물로 중탕을 해 볼을 차갑게 해주면서 7이 약간 걸쭉하게 될 때까지 섞 어 준다.

9 생크림을 7분간 거품을 내어서 8을 한 번 더한 후 잘 섞어서 매끄럽게 해 준다.

10 남은 8도 넣어서 매끄럽게 잘 섞는다.

11 균일하게 될 때까지 잘 섞어준다.

12 유리잔에 50g씩 부어서 넣는다.

PROCESS 13-15 망고와 파인애플 콩포트를 만든다.

13 2cm 정도 크기로 자른 망고와 파인애플. 열대과 일 퓌레를 냄비에 넣고 약한 불에서 잘 섞어주면 서 졸인다.

14 냄비에 수분이 없어질 때까지 졸인 후 볼에 옮 겨서 얼음물에 담가서 식힌다.

15 식힌 콩포드를 유리잔에 30g씩 부어 넣으면 완 성이다.

로즈힙 피치와 그레이프 후르츠 베린

바닐라 크림
파인애플과 망고 베린과
같은 양(P80)

로즈힙 피치 젤리
로즈힙 티 찻잎

로즈힙 티 찻잎	15g
물	330g
그래뉴당	45g
가루 젤라틴	9g

레몬그라스와 꿀 젤리

레몬그라스 찻잎	6g
물	135g
그래뉴당	6g
꿀	15g
가루 젤라틴	1.5g

안에 넣는 과일

그레이프 후르츠	10알

1 파인애플과 망고 베린(P80)과 같은 방식으로 바닐라 크림을 만들어서 같은 양을 유리잔에 부어 냉장고에서 식히면서 굳힌다.

2 두 종류의 젤리를 만든다. 냄비에 로즈힙 티 찻잎과 물을 넣어서 피부 온도 정도까지 따뜻하게 한 후 그래뉴당, 가루 젤라틴을 넣어서 완전히 팔팔 끓인 다음 불을 끄고 거른다. 이를 평평한 팬에 펼쳐서 실온에서 식힌다.

3 레몬그라스와 꿀 젤리도 같은 방식으로 처음에 레몬그라스 찻잎을 삶아 낸 다음 만든다.

4 바닐라 크림이 식혀서 굳어지면 로즈힙 피치티 젤리를 20g 넣는다.

5 레몬그라스와 꿀 젤리도 같은 방식으로 20g 넣는다.

6 그레이프 후르츠는 1알을 3등분으로 실라 유리잔 하나 당 자른 그레이프 후르츠 2알을 넣는다.

7 마지막에는 로즈힙 피치티 젤리를 40g 넣어서 완성한다.

🍴 얼그레이와 오렌지 베린

바닐라 크림
파인애플과 망고 베린과
같은 양(P80)

얼그레이 젤리
얼그레이 찻잎	15g
물	420g
그래뉴당	45g
가루 젤라틴	4g

오렌지 젤리
오렌지 주스	115g
그래뉴당	20g
가루 젤라틴	1g

안에 넣는 과일
오렌지	12알

2

1. 파인애플과 망고 베린(P80)과 같은 방식으로 바닐라 크림을 만들어서 같은 양을 유리잔에 부어 냉장고에서 식히면서 굳힌다.

2. 로즈힙 피치와 그레이프 후르츠 베린과 같은 방식으로 얼그레이와 오렌지 젤리를 각각 만들어서 평평한 팬에 넣는다.

3. 바닐라 크림 위에 얼그레이 젤리 20g, 오렌지 젤리 20g, 오렌지 한 알을 3등분으로 잘라서 넣는데 오렌지 2알 분, 얼그레이 젤리 40g을 순서대로 유리잔에 넣어서 완성한다.

크렘 앙글레즈를 사용해서 만드는 디저트 2

피스타치오와
프랑브와즈 파르페

크렘 앙글레즈에 피스타치오 페스트를 넣어서 만든 아이스크림과 프랑브와즈 소르베를
서로 번갈아 쌓아 올려 데코레이션을 합니다.
상큼하면서도 대조적인 파르페로 완성됩니다.

🍮 재료(2개분)

피스타치오 아이스크림
크렘 앙글레즈 ········ 200g
피스타치오 페이스트 15g

프랑브와즈 소르베
프랑브와즈 퓌레 ··· 120g
그래뉴당 ············ 40g
레몬 과즙 ············ 5g
물 ···················· 30g

아몬드 블랑 망즈
파인애플과 망고의 베린과
같은 양(P80)

프랑브와즈 ············ 12알
*딸기로 대용 가능

피스타치오 ········ 8알
생크림(P15) ············ 30g

1-3 피스타치오 아이스크림을 만든다.

1   피스타치오 페이스트에 잘 식힌 크렘 앙글레즈를 넣는다.

2   섞어서 완전히 정리가 되면 아이스크림 메이커에 넣는다.

3   아이스크림이 완성되면 평평한 팬에 덜어서 실리콘 주걱으로 평평하게 펼쳐서 랩으로 싸서 냉동고에 넣는다.

4 프랑브와즈 소르베를 만든다.

4   냄비에 물을 넣어서 완전히 끓어오르면 불을 끈다. 프랑브와즈 퓌레를 더해 섞어서 40℃ 정도까지 식힌다. 그래뉴당과 레몬 과즙을 넣어서 그래뉴당이 잘 녹으면 냉장고에서 식힌다. 식힌 다음 아이스크림 메이커에 넣어서 피스타치오 아이스크림과 같은 방식으로 평평한 팬에 펼쳐서 냉동실에서 식힌다.

5 아몬드 불랑 망즈를 만든다.

5   파인애플과 망고의 베린(P80)과 같은 방식으로 아몬드 불랑 망즈를 만든다.

6 올려서 데코레이션을 한다.

6   생크림은 10분간 거품을 낸다. 유리잔에 피스타치오 아이스크림, 프랑브와즈 소르베, 아몬드의 불랑 망즈, 프랑브와즈, 피스타치오를 예쁘게 색깔 배치하는 것으로 데코레이션을 하면서 쌓아 올린다. 마지막으로 숟가락을 뜨거운 물에 살짝 담가서 따뜻하게 한 다음 생크림을 둥근 모양으로 한 스푼 떠서 유리잔에 넣는다. 피스타치오 아이스크림을 살짝 녹여서 소스처럼 둘러서 장식을 하고 프랑브와즈와 피스타치오를 흩뿌려서 데코레이션을 완성한다.

크렘 앙글레즈를 사용해서 만드는 디저트 3

후르츠 클래식 파르페

크렘 앙글레즈만으로 만드는 심플한 바닐라 아이스크림에 생크림과 과일을 토핑해서 만드는
클래식한 느낌을 주는 파르페입니다. 직접 만드는 아이스크림의 맛은 특별합니다.

〜〜〜〜〜〜〜〜〜〜〜〜〜〜〜〜〜

🍮 재료(1개분)

바닐라 크림

크렘 앙글레즈(P22)　200g

생크림(P15) ·········· 20g

딸기, 프랑브와즈, 오렌지,

그레이프 후르츠 ··· 적당한 양

〜〜〜〜〜〜〜〜〜〜〜〜〜〜〜〜〜

1 바닐라 아이스를 만든다. 크렘 앙글레즈를 아이스크림 메이커에 넣어서 완성되면 평평한 팬에 옮겨 펼친 뒤 랩으로 싸서 냉동고에 넣어서 식혀 둔다.

2 아이스크림 스쿱으로 바닐라 아이스를 두 개 떠서 넣는다.

3 10분간 거품을 낸 생크림을 짤주머니에 넣어서 모양 깍지별 모양팁으로 아이스크림 주변에 비어 있는 사이사이에 채워 넣어서 어느 정도 높이가 생기도록 짜 올린다.

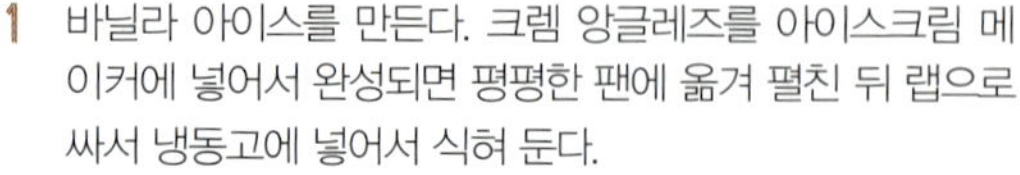

4 생크림을 짜서 올린 상태.

5 중앙부터 과일을 높게 쌓아 올린다. 딸기는 세로로 랜덤으로 자르고 오렌지나 그레이프 후르츠는 껍질을 벗겨서 한 알씩 올린다. 과일이 무너지지 않으면서 어느 정도 높이가 되도록 잘 배치해서 완성한다.

아몬드 크림을 사용해서 만드는 디저트 1

코롱비에

아몬드의 풍미가 느껴지는 스폰지 케이크에 프랑브와즈의 새콤달콤한 맛을 더한 버터크림을
사이에 넣어서 만들었습니다. 설탕으로 코팅하고 아몬드로 데코레이션했습니다.

092

||||||||||||||||||||||||||||||||||||||||||

🍰 **재료**(지름 18cm 원형팬 1개 분)

아몬드 바죽

아몬드 크림(P25)	460g
박력분	50g
콘스타치(옥수수 전분)	25g
계란 흰자	65g
그래뉴당	30g

녹인 버터	적당한 양
아몬드 파우더	적당한 양
빨간 과일 시럽(P41 E)	50g

빨간 과일의 버터크림

크렘 앙글레즈를 기본으로 한

버터크림(P31)	65g
모렐로 체리 퓌레	15g
프랑브와즈 퓌레	40g
물	15g
계란 노른자	25g
그래뉴당	35g

아몬드 설탕 옷 입히기(P42 J)

껍질이 없는 아몬드	50g
그래뉴당	20g
물	10g
빨간 색소(P42 I)	2g

설탕 코팅

가루 설탕	200g
물	45g

||||||||||||||||||||||||||||||||||||||||||

1. 아몬드 크림을 실온에서 부드럽게 될 때까지 잘 풀어지도록 저어 준다.

2. **1**에 체에 내린 박력분과 콘스타치를 여러 번으로 나누어 넣으면서 잘 저어 준다.

3. 계란 흰자와 그래뉴당을 거품을 내어서 어느 정도 딱딱해질 때까지 머랭을 만든다. 머랭을 **2**에 2~3번에 나누어 더해 실리콘 주걱으로 잘 저어 합쳐지게 해 준다.

4. 지름 18cm의 원형 팬에 녹인 버터를 바르고 아몬드 파우더를 뿌려 사진과 같은 상태에서 반죽을 부어 넣는다.

5. 균일하게 굽기 위해서 파레트로 중심을 살짝 들어가는 정도의 기울기로 정리해준다. 150℃로 설정한 오븐에서 약 60분간 굽는다.

아몬드 반죽을 만든다.

6   굽고 난 후 팬에서 빼내어 식힌다.

7   식힌 다음 반으로 슬라이스해서 자른 후 한 장에는
    뒷면에, 다른 한 장에는 앞면에 빨간 과일 시럽을 바
    른다.

 빨간 과일 버터크림을 만들어 겹쳐 바른다.

8   빨간 과일 버터크림을 만든다. 모렐로 체리 퓌레와 프
    랑브와즈 퓌레, 물을 냄비에 넣어서 중간 불에 올려 완
    전히 끓어오르기 직전까지 끓인 후에 불을 끈다.

9   볼에 계란 노른자와 그래뉴당을 잘 저어서 합친 후 **8**
    을 여러 번에 나누어 냄비에 넣어서 중간 불에 올려
    82℃까지 끓인다. 불을 끄고 난 후 거르고 얼음물에 넣
    어서 차갑게 한다.

10 **9**가 다 식으면 크림 상태로 만든 크렘 앙글레즈를 기
    본으로 한 버터크림을 섞어서 합쳐 준다.

11 **10**의 크림을 짤주머니에 넣어서 모양 깍지 원형팁 10
    호로 스폰지 케이크 반죽의 뒷면에 짜 올려서 파레트
    로 평평하게 정리한다. 다른 한 장의 반죽을 위에 겹쳐
    올려서 냉장고에서 30분 정도 식혀서 굳힌다.

설탕 코팅으로 데코레이션을 한다.

12 P42 J와 같은 방식으로 아몬드 설탕 옷 입히기를 한다. 색소는 물과 그래뉴당을 함께 넣어서 냄비에 넣는다.

13 설탕 코팅 준비를 한다. 가루 설탕과 물을 냄비에 넣고 45℃가 될 때까지 약한 불에 올려서 잘 저어주며 따뜻하게 해서 사락사락한 상태로 만들어 준다.

14 냉장고에서 꺼내 식힘망에 올려놓는다.

15 **12**가 굳기 전에 반죽 위에 뿌려 준다.

16 옆면은 파레트로 골고루 발라준다.

17 설탕 옷을 입힌 아몬드를 표면에 장식해서 200℃로 설정한 오븐에서 약 1분간 표면이 굳어질 정도로만 살짝 구워서 완성한다.

살구 타르트

크림과 함께 구워내어 살구의 새콤달콤한 맛과 아몬드의 풍미가 더 풍부해져서 살구와 아몬드의 절묘한 하모니를 맛볼 수 있습니다. 살구를 깔끔하게 잘라서 배열해 놓는 것만으로도 예쁘고 깨끗한 데코레이션이 되어서 이 타르트의 특징을 더욱더 잘 살려줍니다.

///////////////////////////////////////

🌸 **재료** (지름 12cm의 타르트 팬 1개 분)

아몬드 크림(P25) ⋯	85g
파타 슈크레(P40 B)	85g
냉동 살구	18알
과일 콩포트 시럽(P41 D)	
	300g
가루 설탕	적당한 양
그래뉴당	적당한 양

///////////////////////////////////////

1. P21을 참고로 2mm 두께로 늘인 파타 슈크레를 타르트 팬에 끼워 넣어서 160℃로 설정한 오븐에서 약 25분간 굽는다. 굽고 완전히 식힌 다음 아몬드 크림을 짤주머니에 넣어서 모양 깍지 원형팁 12호로 반죽의 반 정도로 크림을 짜서 넣는다. 표면을 평평하게 정리한다.

2. 과일 콩포트 시럽이 완전히 끓어오르면 뜨거울 때 냉동 살구를 넣은 볼에 부어 넣는다.

3. 살구가 다 해동된 후에 물기를 확실히 제거한다.

4. 살구를 아몬드 크림 위에 나열해 놓는다. 타르트 반죽의 둘레를 따라서 살구를 세워서 배열해 둔다.

5. 바깥쪽 둘레를 배열해서 채워 놓으면 이번에는 전체를 반죽이 보이지 않도록 살구를 빼곡히 배열해 둔다.

6. 그래뉴당을 위에서 체에 내리면서 뿌려 160℃로 설정한 오븐에서 40~45분간 굽는다. 다 식은 후에 타르트 팬에서 빼내어 가루 설탕을 위에 살짝 뿌려서 완성한다.

아몬드 크림을 사용해서 만드는 디저트 3

마들렌

아몬드 크림으로 만드는 마들렌입니다.
레몬 껍질을 아주 살짝 사용하는 것만으로 레몬의 풍미가 가득 느껴지는 맛으로 완성됩니다.
차갑게 식힌 다음에도 촉촉한 마들렌의 맛이 지속됩니다.

재료(5x8cm의 마들렌 팬 9개 분)

아몬드 크림(P25)	80g
세반 선세	55g
가루 설탕	45g
레몬 껍질	0.7g
박력분	25g
강력분	10g
베이킹파우더	1g
버터	45g

1 볼에 계란 전체, 가루 설탕, 레몬 껍질을 넣어서 잘 섞어준다. 박력분, 강력분, 베이킹 파우더를 한꺼번에 체에 내리면서 여러 번에 걸쳐 넣는데 그때마다 잘 저어서 섞어 준다.

2 중탕으로 해서 40℃로 잘 녹인 버터를 **1**에 넣는다.

3 아몬드 크림을 부드럽게 풀어준다.

4 **2**를 아몬드 크림에 넣어서 잘 저어 준다.

5 팬에 버터(분량 외)를 발라서 냉장고에서 식힌다. 버터가 차가워지면 박력분(분량 외)를 체에 내려서 넣고 남은 밀가루를 살짝 털어낸다. 반죽을 짤주머니에 넣어서 모양 깍지 원형팁 12호로 팬에 크림을 짜서 넣는다.

6 170℃로 설정한 13~14분간 굽는다. 다 구워지면 팬에서 꺼내 식힘망에서 남은 열까지 다 식혀서 완성한다.

프레지에

커스터드 크림과 버터를 합쳐서 만든 크림에 새콤달콤한 딸기를 조합해서 만드는 이 케이크는 언제나 먹어도 맛있고 프랑스에서 파는 갓 구워 나온 듯한 딸기 케이크처럼 완성합니다. 생크림을 사용한 쇼트케이크에는 없는 진하고 풍부한 맛을 줍니다.

✗ 프레지에 (딸기나무라는 뜻의 프랑스어)

🏺 **재료**(가로 33 x 세로 7.8 x 높이 4의 직사각형 팬 1개분)

커스터드 크림을 기본으로 한 버터크림
(P29) ················· 340g
빨간 과일 시럽(P41 E)
················· 100g
딸기 ····················· 약 30알

스폰지 케이크 반죽
계란 전체 ··········· 155g
그래뉴당 ············· 100g
박력분 ··············· 60g
아몬드 파우더 ···· 50g
버터··················· 30g

데코레이션용의 크림과 과일
이탈리안 머랭(P40 A)
················· 60g
딸기, 프랑브와즈··· 적당한 양
레드 커런트(적건포도)
················· 적당한 양
나파주 ············· 적당한 양

PROCESS
1 스폰지 케이크 반죽을 만든다.

1 루비(P75)의 스폰지 케이크 반죽 만드는 방법과 같은 방식으로 만들고 구울 때는 평평한 팬에 반죽을 부어 넣어서 200℃로 설정한 오븐에서 5～6분간 굽는다. 식히면 직사각형 팬 사이즈에 맞춰서 2장으로 자른다.

PROCESS 2-8
스폰지 케이크에 버터크림과 딸기를 샌드위치해서 만든다.

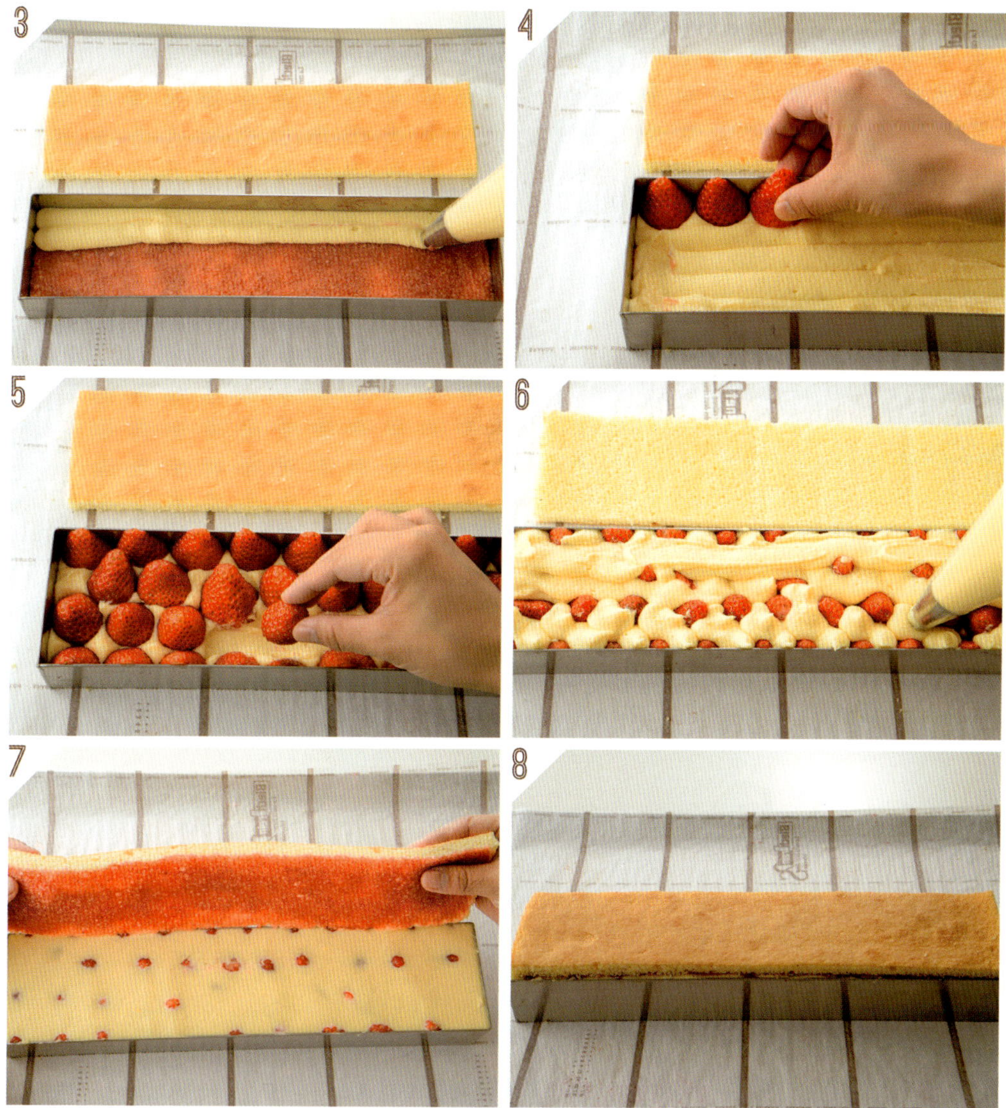

2 직사각형 팬에 케이크 한 장을 채워 넣은 다음 빨간 과일 시럽을 바른다.

3 커스터드 크림을 기본으로 만든 버터크림을 짤주머니에 넣어서 모양 깍지 원형팁 12호로 스폰지 케이크 표면을 전부 덮을 정도로 얇게 짜서 바른다.

4 세로로 반을 자른 딸기를 직사각형 팬의 옆면을 따라서 배열하는데 딸기의 자른 면이 직사각형 팬 바깥에서 보일 수 있도록 정리해서 잘 배열한다.

5 직사각형 옆면 외에는 자르지 않은 딸기를 빈틈없이 잘 나열한다.

6 딸기와 딸기 사이 틈을 가득 채울 수 있도록 3의 버터크림을 짜서 넣는다.

7 그 이후 직사각형 팬의 높이까지 버터크림을 가득 짜 채운 다음 스폰지 케이크를 빨간 과일 시럽을 바른 쪽으로 덮는다.

8 이 상태로 냉장고에서 1시간 식히면서 굳힌다.

 표면에 데코레이션을 한다.

9 스폰지 케이크 표면에 이탈리안 머랭을 얇게 바르고 버너로 표면을 살짝 굽는다. 그리고 그 위에 또 나파주를 얇게 덧바른다.

10 직사각형 팬에서 빼내서 원하는 사이즈 크기로 자른다.

11 반으로 자른 데코레이션용 과일의 단면에 나파주를 얇게 바르고 데코레이션을 한다.

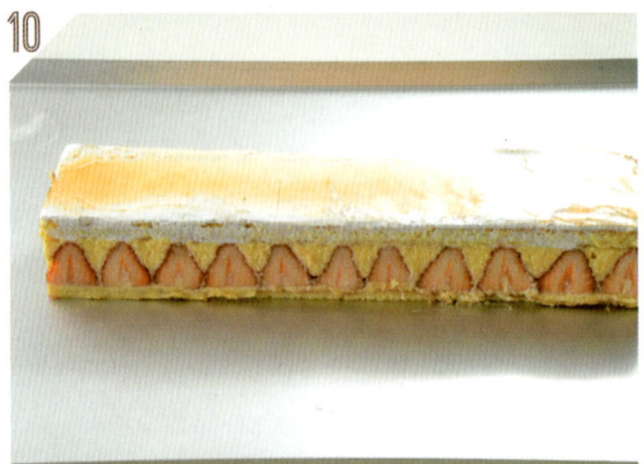

버터크림으로 만드는 디저트 2

밀푀유

사각사각한 파이에 어울리는 크림은 어느 정도 딱딱함이 가지고 있는 커스터드 크림을
베이스로 한 버터크림입니다. 포크로 잘라도 형태가 무너지지 않고 반죽과 함께 크림의
맛을 충분히 맛볼 수 있습니다.

〰〰〰〰〰〰〰〰〰〰〰〰〰〰〰〰

🍮 재료(5개 분)

커스터드 크림을 기본으로 한
버터크림(P29) ⋯⋯ 250g

파이 반죽 · 버터를
기본으로 만드는 반죽
버터 ⋯⋯⋯⋯⋯ 130g
강력분 ⋯⋯⋯⋯⋯ 50g

파이 반죽 · 밀가루를
기본으로 만드는 반죽
버터 ⋯⋯⋯⋯⋯ 35g
강력분 ⋯⋯⋯⋯⋯ 60g
박력분 ⋯⋯⋯⋯⋯ 60g
소금 ⋯⋯⋯⋯⋯ 5g
물 ⋯⋯⋯⋯⋯ 50g

가루 설탕 ⋯⋯⋯⋯ 적당한 양

〰〰〰〰〰〰〰〰〰〰〰〰〰〰〰〰

PROCESS 1-13 파이 반죽을 만든다.

1 버터를 기본으로 한 반죽을 만든다. 버터를 크림 상태로 부드럽게 될 때까지 잘 저어주고 강력분을 넣어서 한 번 정리한 다음 얇게 펴서 냉장고에서 휴지한다.

2 밀가루를 기본으로 한 반죽을 만든다. 버터와 물 이외의 재료를 볼에 전부 넣어서 1cm 크기 정도로 잘라가면서 섞은 다음 버터를 스크래퍼로 잘라주며 섞어가면서 소보로 상태가 되도록 한다. 물을 넣어서 한 번 전체적으로 정리한다.

3 버터를 기본으로 한 반죽은 5mm 두께로, 밀가루를 기본으로 한 반죽은 1cm 두께로 펼쳐서 버터를 기본으로 한 반죽은 밀가루를 기본으로 한 것보다 약 두 배 정도 크게 만들어서 반죽을 하룻밤 동안 휴지한다.

4 버터를 기본으로 한 반죽 위에 밀가루를 기본으로 한 반죽을 올려서 버터 반죽으로 잘 감쌀 수 있도록 접어준다.

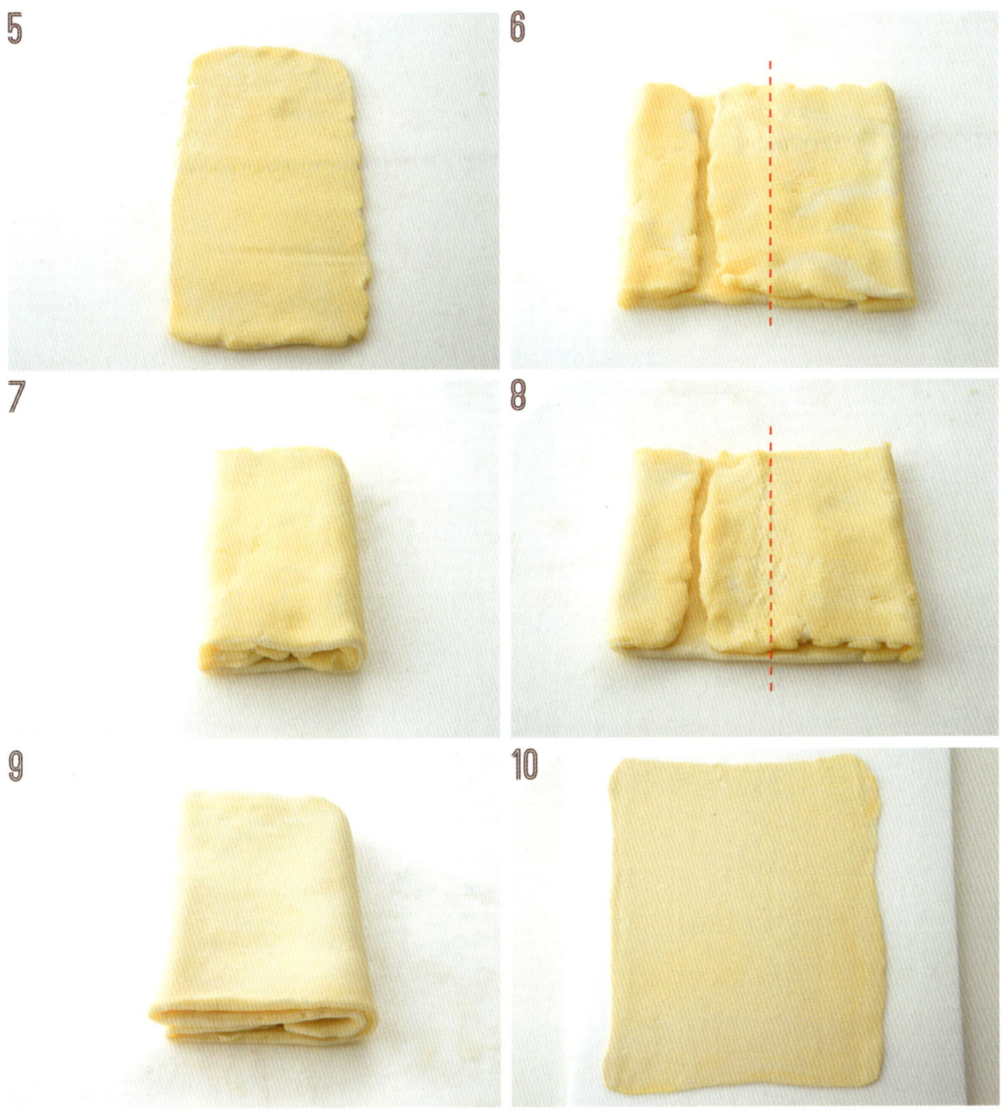

5   바닥에 밀가루를 뿌리면서(강력분, 분량 외) 4mm 두께로 늘려준다.

6   양쪽 사이드를 사진과 같이 안쪽으로 접는데 중간 위치에서 반으로 접는다.

7   다 접은 상태. 이대로 냉장고에서 3시간 휴지한다.

8   다시 4mm 두께로 늘려서 양쪽 사이드를 사진과 같이 안쪽으로 접어서 중간 위치에서 반으로 접는다.

9   다 접은 상태. 다시 한 번 냉장고에서 3시간 휴지한다.

10 냉장고에서 꺼내 바닥에 밀가루를 뿌리면서(강력분, 분량 외) 2mm 두께로 약 21 x 28cm 이상이 되도록 늘려서 다시 냉장고에서 1시간 휴지한다.

11 냉장고에서 꺼내 포크로 구멍을 낸 후 평평한 팬에 올려서 160℃로 설정한 오븐에서 약 40분간 굽는다.

12 다 구워지면 뜨거울 때 전체적으로 가루 설탕을 뿌려서 200℃로 설정한 오븐에서 약 10분간 또 굽는다. 표면의 가루 설탕이 캐러멜처럼 코팅된 것으로 완성된다.

13 반죽이 다 식으면 약 3.5 x 8.5cm의 사이즈로 15개 자른다. 자를 때에 반죽의 자른 면에서 나오는 반죽 가루를 잘 털어준다.

PROCESS 14-15 크림을 겹쳐서 샌드위치를 만든다.

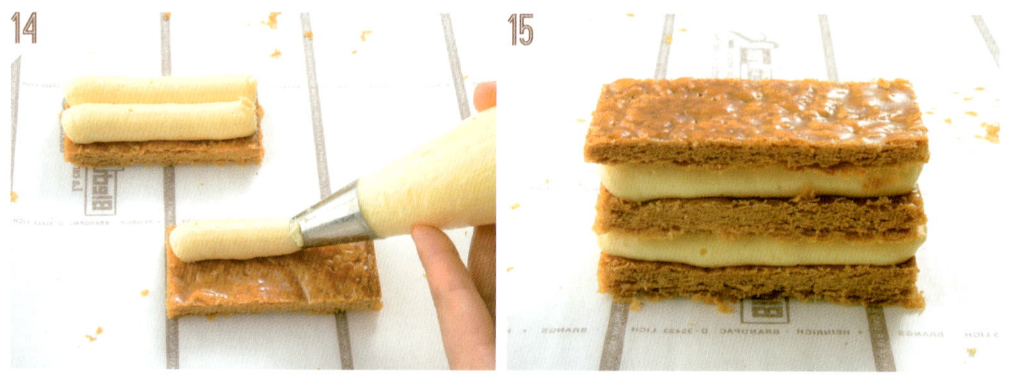

14 커스터드 크림을 기본으로 한 버터크림을 짤주머니에 넣어서 모양 깍지 원형팁 12호로 반죽 위에 두 줄로 짜서 올린다.

15 크림을 짜 올린 반죽을 두 개의 층으로 올려서 마지막에는 크림을 짜 올리지 않은 반죽으로 덮는다. **13**에서 여분으로 남아 있는 반죽을 잘게 부수어서 맨 양쪽 끝 면에 묻혀서 완성한다.

파리 브레스트

링 모양으로 구운 슈 반죽에 헤이즐넛의 풍미가 느껴지는 프랄린 페이스트를 더해 버터 크림을 중간에 넣어서 만들었습니다. 어느 정도 확실히 형태가 있는 크림이기 때문에 모 양 깍지 별 모양팁으로 예쁘게 짜 올려 장식해서 완성합니다.

🌸 **재료**(지름 15cm의 링 모양의 1개 분)

크렘 앙글레즈를 기본으로 한
버터크림(P31) ······ 500g
프랄린 페이스트 ··· 85g

슈 반죽
슈 아 라 크렘과
같은 양으로(P60)

아몬드 파우더 ····· 적당한 양
가루 설탕 ············· 적당한 양

PROCESS
1-5 슈 반죽을 만든다.

1. 슈 아 라 크렘(P60)과 같은 방식으로 슈 반죽을 만들어서 짤주머니에 넣어서 모양 깍지 원형팁 10호로 지름 15cm의 원이 되도록 크림을 짠다.

2. **1**에서 만든 원의 안쪽에 또 다른 원 하나를 짜서 그려 준다.

3. **1**과 **2**의 원의 사이에 세 번째 원을 또 짜서 그려 준다.

4. 반죽에 물을 분무기로 뿌린 다음 아몬드 파우더를 체에 내려 180℃로 설정한 오븐에서 약 25분간 굽는다.

5. 반죽이 다 식으면 가로로 반을 자른다.

 크림을 샌드위치해서 올린다.

6 크렘 앙글레즈를 기본으로 한 버터크림이 매끄러워지도록 부드럽게 섞어준 다음 프랄린 페이스트를 넣어 거품을 잘 내어 준다.

7 크림을 짤주머니에 넣어서 모양 깍지 별 모양팁 10호로 원을 그리듯이 반죽 위에 한 줄 짜서 올려준다.

8 7의 위에 작은 원을 그리듯이 크림을 짜서 올려 준다.

9 크림을 전부 올려 놓은 상태.

10 또 다른 한 장의 반죽을 크림 위에 올린다.

11 가루 설탕을 체에 내려서 완성한다.

가토 모카

커피의 풍미를 가진 스폰지 케이크 반죽에 버터크림을 넣어서 만드는 심플한 케이크입니다.
두 개의 층으로 만든 크림을 스폰지 케이크 중간 중간에 끼워 넣는 것으로 스폰지 반죽과 크림이
확실히 어우러져 부드러운 식감으로 입에서 살살 녹는 맛을 줍니다.

⚜️ **재료** (지름 15cm의 케이크팬 1개 분)

이탈리안 머랭을 기본으로 한
버터크림(P33) ······ 450g

크림용의 커피 시럽
인스턴트 커피 ······ 5g
뜨거운 물 ············ 25g
커피 에센스(P41 F) 1g

스폰지 케이크 반죽
계란 전체 ············ 120g
계란 노른자 ········· 20g
그래뉴당 ············· 70g
박력분 ················· 70g
우유 ···················· 5g
인스턴트 커피 ······· 5g
녹인 버터 ············· 20g

스폰지 케이크 반죽용의 커피 시럽
보메30(P41 C) ······ 40g
뜨거운 물 ············· 40g
인스턴트 커피 ········ 3g
럼주 ····················· 5g

 스폰지 케이크 반죽을 만든다.

1 녹인 버터에 인스턴트 커피를 넣어 섞어서 합쳐 준다.

2 P44의 스폰지 케이크 반죽과 같은 방식의 순서대로 만들어서 가장 마지막에 사람 피부 온도로 따뜻하게 만든 우유와 **1**을 넣어 합쳐서 한데 잘 섞어 준다.

3 팬에 반죽을 흘려 부어서 160℃로 설정한 오븐에서 25∼28분간 굽는다.

4 팬에서 빼내서 식힌다.

5 스폰지 케이크 반죽용의 커피 시럽을 만든다. 보메30과 뜨거운 물을 냄비에 넣어서 완전히 끓어오르면 불을 끄고 인스턴트 커피를 넣어서 녹인다. 남은 열이 다 없어지면 럼주를 넣는다.

6 스폰지 케이크 반죽이 완전히 식으면 3등분으로 얇게 자른다.

7 반죽의 뒷면에 **5**에서 만들어 놓은 시럽을 바른다.

PROCESS 8-10 커피 크림을 만든다.

8 이탈리안 머랭을 기본으로 한 버터크림을 크림 상태가 될 때까지 거품을 내 준다.

9 크림용의 커피 시럽의 재료를 모두 섞어서 부드럽게 거품을 낸 버터크림에 전부 붓는다.

10 확실히 섞이도록 반죽을 한다.

PROCESS 11-17 크림으로 데코레이션을 한다.

11 7의 첫 번째 케이크 반죽 한 장을 케이크 회전대에 올려서 **10**의 크림을 짤주머니에 넣어서 모양 깍지 원형팁 10호로 중심부터 원을 그려가며 회전판을 돌리면서 스무스하게 크림을 올려준다.

12 파레트로 평평하게 정리한다.

13 두 번째 스폰지 케이크 반죽을 겹친다.

14 첫 번째 케이크 반죽에 데코레이션 한 것과 같은 방법으로 크림을 짜서 올린 뒤 파레트로 평평하게 정리한다.

15 세 번째 스폰지 케익을 위에 겹쳐서 데코레이션 케이크(P48)와 같은 요령으로 케이크 옆면과 윗면을 모두 크림으로 발라준다.

16 옆면에는 삼각 빵칼로 선을 그어주는데 회전판을 돌려가면서 모양을 내어 준다. 윗면은 옆면에 모양을 내면서 삐져나온 크림을 파레트로 평평하게 정리해준다.

17 케이크 위에 크림으로 데코레이션을 한다. 모양 깍지 별 모양팁 10호로 작은 원을 그려주면서 크림을 짜면서 윗면을 빼곡히 데코레이션을 한다. 바깥쪽에서부터 중앙쪽으로 짜면서 예쁘게 데코레이션을 완성한다.

버터크림으로 만드는 디저트 5

슈크레 누가게트

풍부한 맛으로 완성된 프랄린을 넣은 버터크림에 럼 건포도를 넣은 프랑스 맛의 과자입니다. 버터크림과 '사각' 하게 구워 낸 머랭을 합쳐서 초콜릿으로 코팅을 한 아주 고급스러운 과자입니다.

☆ 재료(11개 분)

이탈리안 머랭을 기본으로 한
버터크림(P33) ········ 880g
프랄린 페이스트 ··· 80g
럼 건포도(P42 H) ··· 66알

머랭 반죽
계란 흰자 ················ 80g
그래뉴당 ················ 80g
헤이즐넛 파우더 ··· 40g
가루 설탕 ················ 40g

초콜릿 코팅
비터 초콜릿 ············· 80g
밀크 초콜릿 ············· 80g
샐러드 오일 ············· 20g
잘게 부순 헤이즐넛 20g

PROCESS
1-5 머랭 반죽을 만든다.

1. 헤이즐넛 파우더를 평평한 팬에 펼쳐서 150℃로 설정한 오븐에서 약 15분간 로스트한다.

2. **1**이 다 식으면 가루 설탕과 합쳐서 체에 내린다.

3. 계란 흰자에 그래뉴당을 3회에 나눠 더해서 확실히 거품이 나올 정도까지 저어 준다. **2**를 더해서 매끄럽게 될 때까지 잘 섞어 준다.

4. **3**을 짤주머니에 넣어서 모양 깍지 원형팁 10호로 지름 4cm의 원을 그리듯이 크림을 짜서 만들어준다. 원 33개를 만든다.

5. 150℃로 설정한 오븐에서 25~30분간 중심부터 잘 구워 진 색이 나올 때까지 굽는다.

크림과 머랭 반죽을 잘 합쳐 준다.

6 이탈리안 머랭을 기본으로 한 버터크림과 프랄린 페이스트를 섞어서 짤주머니에 넣는다.

7 지름 6cm, 높이 3cm의 무스링 안에 모양 깍지 원형 팁 10호로 원을 그리듯이 크림을 짜 넣는다.

8 그 위에 머랭 반죽을 한 개 넣는다.

9 머랭 반죽이 보이지 않을 정도까지 크림을 짜서 넣는다.

10 머랭 반죽을 다시 하나 더 넣는다.

11 9와 같은 방식으로 크림을 짜서 넣는다.

12 세 번째 머랭 반죽을 크림 위에 올려 넣는다.

13 머랭 반죽을 가득 채울 정도로 듬뿍 크림을 짜서 넣는다.

14 파레트로 표면을 평평하게 만든다.

15 물기를 제거한 럼 건포도를 6알 올려놓는다.

16 다시 한 번 그 위에 크림을 짜 올린다.

17 럼 건포도가 보이지 않을 정도까지 크림을 짜 올려 덮는다.

18 파레트로 중앙 부분이 높게 불룩 솟아오르는 모양으로 만든다.

19 크림을 다 정리한 상태. 냉장고에서 1시간 정도 식혀서 크림을 굳힌다.

표면을 초콜릿으로 코팅한다.

20 비터 초콜릿과 밀크 초콜릿을 중탕으로 녹이고 샐러드 오일과 잘게 부순 헤이즐넛 전체를 넣어서 잘 섞어 준다. 초콜릿은 40℃정도로 따뜻하게 만든 다음에 사용한다.

21 냉장고에서 **19**를 꺼내서 무스링에서 빼낸다. 밑 부분을 포크로 찍어서 이리저리 굴려서 초콜릿을 묻힌다. 냉장고에서 식혀서 초콜릿이 다 굳어지면 완성이다.

버터크림으로 만드는 디저트 6

다쿠와즈

폭신폭신한 머랭을 바삭하게 구워 내어 프랄린이 들어간 버터크림을 겹쳐서 만든 다쿠와즈입니다. 버터크림을 크림 상태에서 거품을 내고 프랄린을 더한 것만으로도 매끄럽고 입에 착 감기는 맛이 입안 가득 전해져 옵니다.

재료(11개 분)

이탈리안 머랭을 기본으로 한
버터크림(P33) ····· 220g
프랄린 페이스트 ··· 20g

다쿠와즈 반죽
아몬드 파우더 ····· 60g
가루 설탕 ·········· 65g
박력분 ·············· 15g
계란 흰자 ·········· 100g
그래뉴당 ··········· 35g
가루 설탕 ·········· 적당한 양

PROCESS
1-6 다쿠와즈 반죽을 만든다.

1 아몬드 파우더, 가루설탕, 박력분을 한꺼번에 합쳐서 체에 내린다.

2 계란 흰자에 그래뉴당을 여러 번으로 나누어 더해서 어느 정도 색깔이 나올 때까지 거품을 낸다.

3 1을 2에 여러 번으로 나눠서 가루가 보이지 않을 정도까지 균일하게 잘 섞어준다.

4 3을 짤주머니에 넣어서 모양 깍지 원형팁 12호로 팬에 짜서 넣는다.

5 가루 설탕을 2번에 나누어 체에 내린다. 첫 번째 가루 설탕이 녹아서 반죽에 잘 어우러지면 두 번째 가루설탕을 체에 내려서 뿌린다.

6 170℃로 설정한 오븐에서 약 15분간 굽는다.

PROCESS 7-10 프랄린 크림을 만든다.

7 이탈리안 머랭을 기본으로 한 버터크림이 부드럽게 되도록 거품을 낸다.

8 프랄린 페이스트와 버터크림을 합친다. 프랄린 페이스트를 넣은 볼에 버터크림을 넣어서 균일하게 잘 섞어준 다음 버터크림의 볼에 다시 넣어서 스무스하게 섞어 준다.

9 전체를 부드럽게 잘 합쳐지도록 섞어준 다음 짤주머니에 넣는다.

10 모양 깍지 원형팁 12호로 다쿠와즈 반죽 한쪽 면에 크림을 올리고 다른 다쿠와즈 반죽을 위에 겹쳐서 완성한다.

버터크림으로 만드는 디저트 7

마카롱 프랑브와즈

핑크색으로 색을 입힌 마카롱 반죽에 버터의 풍미를 확실히 느낄 수 있는 파타봄브를 기본
으로 한 버터크림을 넣는 것이 포인트입니다. 버터크림에 프랑브와즈 잼을 더 넣으면 넣을
수록 신맛이 나지만 더욱더 새콤달콤한 맛을 만들어 냅니다.

재료(22개 분)

빠나봄브를 기본으로 한
버터크림(P35) ·········· 240g
프랑브와즈 잼(P42 G)
································· 60g

마카롱 반죽
가루 설탕 ·············· 135g
아몬드 파우더 ········ 135g
계란 흰자 ·············· A50g, B50g
그래뉴당 ·············· A13g, B135g
물 ························ 40g
색소(P42 I) ········· 2g

1 가루 설탕과 아몬드 파우더를 손으로 부수면서 합친다. 아몬드 파우더의 유분이 가루 설탕에 흡수되어 하얗게 될 때까지 손으로 부수면서 합치고 체에 내려 놓는다.

2 계란 흰자 A에 그래뉴당 A를 여러 번에 걸쳐서 더한 후 5분간 거품을 낸다.

3 그래뉴당 B와 물을 냄비에 넣어서 시럽을 만든다. 중간 불에 올려 116℃가 되면 불을 끈다. 2에 시럽을 부어가면서 거품을 낸다.

4 3을 천천히 거품을 내서 머랭을 만든다. 이 때, 머랭은 피부 온도보다 좀 더 따뜻한 상태를 유지하면 된다.

5 1과 거품을 내지 않은 계란 흰자 B와 색소를 4에 넣는다.

마카롱 반죽을 만든다.

 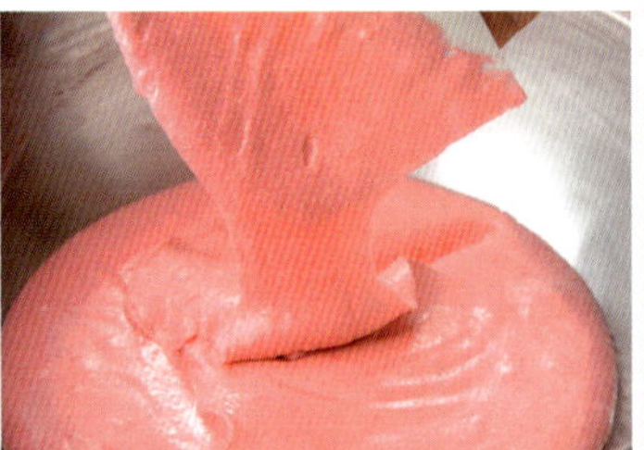 

6 머랭의 거품을 뭉개듯이 계속 부드럽게 섞어서 합쳐준다(피부 온도로 반죽의 온도는 계속 유지한다). 어느 정도 잘 섞어지면 스크래퍼로 바꾸어서 반죽을 계속 섞어준다.

7 **6**을 짤주머니에 넣어서 모양 깍지 원형팁 12호로 지름 4cm가 되는 원으로 평평한 팬에 짜 올린다. 반죽이 무르기 때문에 지름 4cm의 원으로 짜면 지름이 약 5cm정도로 늘어난다. 표면이 건조해져서 반죽이 손에 묻어나지 않게 되면 150℃로 설정한 오븐에서 약 13분간 굽는다.

8 다 구워낸 반죽을 식힌다.

PROCESS 9-12 프랑브와즈 크림을 만든다.

9 파타봄브를 기본으로 한 버터크림을 부드럽게 되도록 잘 섞어 준다.

10 프랑브와즈 잼을 넣어서 잘 섞어 준다.

11 크림을 짤주머니에 넣어서 모양 깍지 원형팁 10호로 마카롱 반죽 위에 짜 올린다. 마카롱 반죽의 중앙을 손으로 조금 눌러서 움푹 들어가게 한 후에 그 위에 크림을 듬뿍 짜 올린다.

12 다른 한 장의 마카롱 반죽을 크림 위에 덮는다. 이 때, 크림이 균일하게 펼쳐지도록 마카롱 반죽을 누르면서 겹치면 완성이다.

버터크림으로 만드는 디저트 8

프로그레스

겉모습만 보고는 딱딱할 것 같은데 한 번 베어 물면 고개를 갸우뚱하게 만들어 주는 의외
로 촉촉하면서도 풍부한 맛의 프랑스 디저트입니다.
구워낸 머랭 사이에 버터크림을 끼워 넣어서 상큼한 프랑브와즈와 잼으로 새콤달콤한 맛
을 더해줍니다. 버터크림을 바른 면에는 잘게 부순 머랭과 가루 설탕으로 예쁘게 데코레이
션을 합니다.

파타봄브를 기본으로 한
버터크림(P35) ……… 600g
프랑브와즈 잼(P42 G)
――――――――― 55g
키르슈 ―――――― 15g
프랑브와즈 ………… 적당한 양
＊딸기로 대용 가능

가루설탕 ………… 적당한 양

프로그레스 반죽
아몬드 파우더 ……… 90g
우유 ――――――― 30g
가루 설탕 ………… 90g
박력분 ―――――― 35g
계란 흰자 ………… 120g
그래뉴당 ………… 100g

 프로그레스 반죽을 만든다.

1 160℃로 설정한 오븐에서 10분간 로스트를 한 아몬
   드 파우더와 우유, 가루설탕을 볼에 넣는다.

2 **1**을 페이스트 상태가 될 때까지 실리콘 주걱으로 잘
   섞어 준다.

3 계란 흰자에 그래뉴당을 여러 번에 나누어 넣고 거품
   을 내어 머랭을 만든다.

4 **2**를 **3**에 넣어 섞어 주면서 박력분을 넣는다.

5 균일하게 반죽이 될 때까지 잘 섞어 준다.

6 **5**를 짤주머니에 넣어서 보양 깍지 원형팁 12호로 지
   름 5.5cm의 원을 평평한 팬에 34개를 짜서 만들어
   놓는다.

7 가루 설탕을 2번으로 나누어서 체에 내린다. 첫 번째
   의 가루 설탕이 녹아 반죽에 붙으면 두 번째 가루설
   탕을 체에 내린다.

8 150℃로 설정한 오븐에서 약 30분간 굽는다. 다 구
   워지면 완전히 식힐 때까지 그대로 놔 둔다. 반죽 34
   개 가운데 2개는 손으로 잘게 부수어 놓는다.

크림을 사이에 짜서 끼워 넣는다.

9 파타봄브를 기본으로 한 버터크림과 프랑브와즈 잼, 키르슈를 섞어 준다.

10 크림을 짤주머니에 넣어서 모양 깍지 원형팁 10호로 프로그레스 반죽에 크림을 짜서 올린다.

11

12

13

14

15

16

11 프랑브와즈를 중앙에 올린다.

12 다시 한 번 크림을 짜서 올린다.

13 다른 한 장의 프로그레스 반죽을 올려 겹친다.

14 파레트로 옆면을 평평하게 정리한다.

15 잘게 부수어 놓은 프로그레스 반죽 가루를 옆면에 묻힌다.

16 가루 설탕을 옆면에 뿌려서 완성한다.

짤주머니에 끼워서 사용하는 모양 깍지에 따라 다양한 생크림 모양을 만들 수 있습니다.

가장 많이 사용하는 것이 이 원형 모양팁입니다.
데코레이션 이외에도 크림을 반죽에 짜 올릴 때도 사용합니다.

크림의 끝 부분을 세워서 짜 올립니다.

평평하게 짜서 원을 도드라지게 합니다.

둥글게 짜고 나서 끝을 살짝 늘이듯이 해
두 개를 겹쳐서 ♡ 모양으로 만듭니다.

샤프하면서도 어른스러운 모양으로 완성됩니다.
케이크에 따라서 짤주머니를 수직으로 세워서 사용합니다.

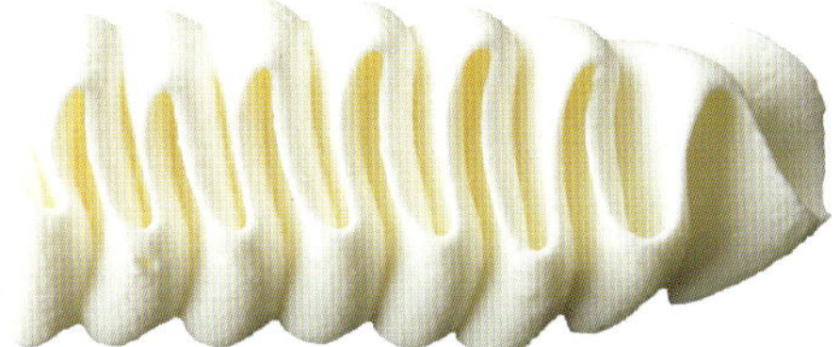

짤주머니를 세워서 라인을 그립니다.

별 모양팁

별 모양팁은 별 모양 8발과 10발 등 여러 가지가 있습니다.
케이크의 완성 모양도, 분위기도 어떤 크기의 모양 깍지를 쓰느냐에 따라 달라집니다.

둥글게 크림을 짜서 그립니다.
머랭을 구울 때 등에 사용합니다.

짜면서 흘리듯이 그립니다.

둥글게 그리고 끝을 길게 라인을 그려내는
것으로 이런 모양을 만들어 냅니다.

자를 겹쳐 그리면서 볼륨이 있는
모양으로 그립니다.

빗살 무늬 모양팁

한쪽에만 모양이 있어서 주름이나 빗살 무늬를 낼 수 있는 빗살 무늬 모양팁입니다.
30도 정도로 살짝 기울이면서 짜면 예쁘게 모양을 만들어 낼 수 있습니다.

라인을 교차해서 격자무늬로 크림을 만듭니다.